가스블로우백
GAS BLOW BACK

호비스트 월간플래툰 편집부

차 례 |

PROLOGUE

|

가스 블로우백의 역사는 길게 잡으면 36년에 달한다.

|

이제는 에어소프트건 시장에서 없으면 안될 중요한 장르로 자리잡은 가스 블로우백(GBB)은 특히 지난 10여년 사이에 대만을 중심으로 비약적으로 발전했다.

현재 에어소프트 시장에서 가스 블로우백이 차지하는 비중은 어느 건샵, 어느 판매 사이트를 들어가도, 심지어 에어소프트 관련 유튜브 채널들을 찾아봐도 아주 분명하게 알 수 있다. 가스 블로우백 아이템은 숫자 자체도 매우 늘어났고, 또 팬들의 관심도 역시 매우 높다.

물론 전동건과 에어코킹등의 타 장르도 여전히 무시할 수 없는 비중을 차지하며 활발히 개발과 생산이 이뤄지고 있지만, 가스 블로우백 제품들은 지난 수년간 많은 에어소프트 팬들에게 가장 큰 관심을 끄는 분야라 해도 과언이 아니다.

왜 그럴까. 사실 가스 블로우백은 'BB탄을 멀리, 그리고 정확히 맞추는 능력(위험하지 않은 파워 범위 안에서)', 즉 실사성능이라는 측면에서 보면 전동건 및 에어코킹식 제품들에 비해, 심지어 볼트액션식이나 고정 슬라이드식 가스건에 비해서도 불리하다. 특히 전동건과 비교하면 장탄수, 사거리, 집탄성 등 실사성능과 결부된 거의 모든 면에서 가스 블로우백은 아무리 진화를 거듭해도 똑같은 수준에 오르는 것은 물리적으로 불가능하다고 단언할 수 있다.

하지만 에어소프트건을 구입하는 이유가 그저 실사성능 그 자체만은 아니다. 가스 블로우백은 전동건이나 에어코킹식 제품들에서는 느낄 수 없는 '액션'과 '재미'가 존재하기 때문이다.

액션이라는 면으로 가면 가스 블로우백은 다른 에어소프트 장르들을 가볍게 압도해 버린다. 흔히 손맛 혹은 어깨 맛을 느낀다는 점에서 가스 블로우백을 따라갈 타 장르는 없다. 여기에 조작이라는 측면에서도 마찬가지이고, 최근 10여년 사이에는 분해조립까지 포함한 총체적 리얼리티라는 측면에서 더더욱 진화를 거듭하면서 가스 블로우백의 경쟁력은 갈수록 높아지고 있다.

가스 블로우백의 또 다른 장점은 다양한 총기를 재현하는데 유리하다는 것이다. 전동건은 모터와 기어, 펌프 유닛이라는 기어박스(메카박스)의 구성을 생각하면 크기와 형태의 제약이 아무래도 발생한다. 에어코킹 역시 펌프 유닛의 조작과 위치 선정이라는 문제가 설계에 어느 정도는 제약으로 다가온다. 반면 가스 블로우백은 설계에 더 높은 유연성을 제공하며, 재현할 총기의 형태와 크기에 제약을 덜 받는다. 실제로 실총에서 블로우백 작동이 이뤄지는 자동/반자동 총기들 중 가스 블로우백으로 만들 수 없는 것은 아주 일부에 불과한 실정이다.

이처럼 가스 블로우백은 현대 에어소프트 업계의 주류라고 해도 과언이 아닌데, 여기서는 지난 2019년부터 2022년 사이에 월간 플래툰에서 소개한 주요 가스 블로우백 제품들을 엄선해 한 권의 단행본으로 모아봤다.

가스 블로우백 에어소프트건에 대해 관심을 가지는 분들에게 요긴한 가이드북이 되기를 바란다.

2022년 12월, 편집부

~~VFC~~ APFG
MPX-K GBB

촬영협조: 하비스튜디오 (https://smartstore.naver.com/hobbystudio)

VFC… 아니 APFG에서 MPX가 GBB로 나왔다. 이번에는※ 짧은 MPX-K버전이 나왔는데, 하여간 GBB로 나온다니 많은 사람들이 기대했다. 이전 AEG 버전에서 호평을 받았기에 더욱 그런데, 하여간 이렇게 시장에 등장한 MPX. 그런데… VFC가 아니다. APFG라는 듣도 보도 못한 새로운 브랜드에서 나왔다. 게다가 APFG가 직접 생산한 것도 아니고 VFC에서 APFG의 의뢰로

※2022년 11월 기준

OEM생산한 것이라고?

AEG버전은 VFC가 정식 라이센스를 얻어 아예 SIG의 SIG에어 브랜드로 내보냈지만 GBB버전은 라이센스 문제가 있었는지 이처럼 타 업체 출고라는 애매한 형식으로 내보냈다. APFG가 지금까지 내놓은 총이 이 MPX-K뿐인걸 보면 더 애매하고, 나라에 따라 무각인 버전과 각인 버전의 판매를 나누는 등 뭔가 굉장히 애매한 마케팅을 계속하고 있다. 이 정도 되면 APFG는 VFC가 '어른의

사정으로' 만들어 현실의 어려움을 돌해 보려는 페이퍼 컴퍼니라고 봐야겠만, 뭐 자세한 것은 굳이 여기서 이야할 이유도 없으니 넘어가고 제품 이야에 집중해보자.

새로 만든 리시버

하여간 이번에 나온 MPX-K는 리얼티면에서는 VFC제품답게(최소한 만데가 VFC인 것은 맞으니) 아주 괜찮보인다. 외관만이 아니라 내부에 들어

제원

길이:347mm
무게:1.965kg
탄창:30연발
인너배럴 길이:110mm
사용탄:6mm BB

◀ 옆 페이지처럼 개머리판과 BUIS 라도 기본으로 달려있으면 좋겠지만 실제로 사면 들어있는건 바로 옆 사진의 알총 상태다. 이 상태로도 쓸 수는 있지만 제대로 쓰려면 뭔가 추가로 사서 달아줘야 할 듯.

▼ 탄창멈치와 노리쇠멈치, 조정간이 모두 완전 좌우대칭이라 좌우 어디에서도 완전히 동일한 조작이 가능하다. 다만 탄창멈치가 상당히 뻑뻑하다는 단점은 있다.

볼트캐리어 등의 구성품도 기술적으 가능한 범위 안에서 최대한 리얼한 타일을 재현했다.

미있는 것은 전동건(AEG) 버전과 1로 비교해 보면 GBB버전의 리시버 이가 살짝 짧다는 것. 구체적으로는 아쇠울과 탄창 삽입구 사이가 AEG때 다 살짝 짧아졌다. 아주 미세한 차이(냥 봐서는 잘 모를 정도)지만 하여간 이가 난다. 이유는 분명하다. 기어박 라는 제약이 없어졌기 때문이다.

기어박스가 들어가면 공간의 제약이 있을 수밖에 없고, 또 리시버 내부의 형태도 GBB와는 완전히 다르다. 즉 GBB를 새로 만들면 AEG때 만든 리시버 금형을 그냥 재활용하는 것은 어렵고 어차피 리시버를 새로 만들어야 할 경우가 대부분인데, 이것 역시 그런 경우가 되니 기왕 새로 만드는 김에 치수까지 실물과 최대한 비슷하게 맞춘 것 같다.

다만 아쉬운 부분은 있다. 고증의 문제라기 보다는 선택의 문제다. 개머리판도

BUIS(백업 아이언 사이트)도 없다! 그야말로 알총이다! 박스에서 꺼낸 상태 그대로는 조준도 못한다!

너무 주는게 없어!

물론 이게 치명적 문제까지는 아니라고 할 수 있다. 어차피 피카티니 레일이 있으니 BUIS도 개머리판도 따로 사서 달수 있고, BUIS없이 그대로 옵틱만 달아도 된다. 하지만 어쨌든 비싼 돈 내고 총

◀ 탄창은 기화효율 감안해 금속제로 변경. 잔탄 확인되는 플라스틱제가 아닌 게 아쉽지만 그 대신 기화효율이라는 실제 기능면에서는 좋다.

◀ 탄창의 가스 주입구는 방출밸브 바로 밑에 있다. 덕분에 탄창 바닥쪽은 리얼한 형태로 재현할 수 있었다. 탄창 바닥 분리는 육각렌치로 고정나사를 돌린 다음 밀어서 빼면 된다.

▼ 탄피배출구 커버는 AR의 것을 축소한 디자인 단순한 플라스틱제로 만들어졌지만 이게 또 실물을 충실하게 재현한 것이다.

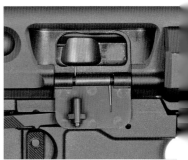

샀는데 개머리판같은 것도 따로 사야 한다면 좀 억울하다 싶은 분들도 있을 듯한데… 뭐 하여간 판매처에 따라서는 이걸로 옵션 구성을 따로 할 수도 있겠다 싶은 부분.

(참고로 사진에 찍힌 개머리판과 BUIS는 아카데미 MPX에서 이식한 것. 나름 맞는다. 아카데미 MPX를 이미 가진 분이라면 가장 저렴하게 이 문제를 해결할 수 있을 것 같다 물론 아카데미 제품이야 플라스틱이니 내구성의 한계는 있겠지만 말이다)

하여간 조작이나 기능 자체로는 실총에서 조작되는 부분은 거의 다 구현되어 있다. 탄창멈치도 조정간도 노리쇠멈치도 모두 좌우 대칭인 점도 마찬가지. 다만 탄창이 들어갈때 꽤 뻑뻑하고(이건 좀 쓰다 보면 해결될 부분), 또 탄창멈치도 상당히 뻑뻑하다(이게 탄창 들어갈 때 뻑뻑한 주 원인일 듯). 특히 좌측 탄창멈치는 작동을 위해 상당한 힘을 써야 한다. 여기에 우측 노리쇠 멈치도 스프

링이 가끔 빠지는 경우가 있어 주의하는 이야기도 있는데, 이건 개체차가 있는 것 같다.

재질은 당연히 금속이고 분해조립도 물과 같은거야 말할 필요도 없다. 핸드 가드는 엠락 인터페이스로 되어있고, 물처럼 상하 리시버를 분리하면 쉽게으로 밀어 뺄 수 있다. 아우터 배럴도게 분리가 가능하며, 챔버 부분도 육렌치를 이용해 쉽게 분리할 수 있다.

▲ 사진에 달려있는 개머리판과 BUIS는 아카데미 제품에서 이식한 것이다. 어차피 피카티니라는 공통 인터페이스에 맞춰 만든거라 가능한 이야기. 이렇게 사진으로 보면 의외로 근사한 편이다.

◀ 분해조립의 시작은 AR계열과 마찬가지로 리시버의 결합핀을 뽑으면 된다. 앞뒤 핀을 다 뽑아서(완전히 빠져나가지는 않음) 상하를 완전히 분리해도 되고 이처럼 뒤만 뽑아 열어도 된다.

▼ 위에서 본 모습. 위 전체가 피카티니 레일이지만 워낙 짧은 총이라 장착 가능한 옵션의 종류에는 좀 제약이 있을 것 같다.

창과 흡업

창은 GBB라는 특성상 메탈이다. 실○이야 플라스틱이지만 가스 용량과 기○효율을 모두 고려해 디자인해야 하는 ○BB제품의 탄창이라는 한계는 어쩔 수 ○다. 탄창 용량은 실물과 같은 30연발. ○고로 탄창의 가스 삽입구가 요즘 ○C제품들답게 탄창 바닥이 아니라 탄 ○ 뒤쪽 위에 있기 때문에 총에 꽂은 상 ○에서는 가스 삽입구가 보이지 않고, 탄창 바닥도 실물처럼 리얼한 디자인

을 유지할 수 있다(이건 지난달에 소개한 LAR의 탄창도 마찬가지).

탄창의 탱크 용량 자체는 큰 편이 아닌데(원판이 SMG용 탄창이니), 그럼에도 불구하고 연비는 꽤 좋다. 모 국내 유튜버가 테스트한 수치는 340발이 넘는다(!). 또 지난달에 소개한 LAR에는 있던 공격발 기능(노리쇠 멈치가 작동하지 않게 해서 BB탄 없이도 연사가 가능하게 하는 기능)이 탄창에 달려있지 않은데, 이건 탄창의 사이즈나 형태 때문에

LAR처럼 적용하기가 어려웠던 것 같다. 가변 흡업도 당연히 있는데, 흡업 조절용 나사가 실총에서 가스마개에 해당하는 부분, 즉 아우터 배럴 위에 있다. 이게 핸드가드를 제거한 상태에서도 육각렌치를 꽂아 돌리는게 좀 번거롭기는 한데, 최소한 리얼리티 훼손은 최소한으로 줄였다는 점에서는 점수를 줘야 할⋯까? 아니면 불편하다는 점에서 점수를 빼야 할까. 선택은 각자에게!

내부 격발기구도 하부 리시버쪽은 실물

7

◀ 상부 리시버의 후방에는 VFC제품들에서 자주 보이는 플라스틱제 숏 스트로크 버퍼가 들어있다.

▼ 상하 리시버가 분리되면 핸드가드는 그대로 앞으로 밀어서 빼면 된다. 엠락 규격이지만 가늠쇠 달 자리는 시리버 상부의 레일과 맞춘 피카티니 레일이다.

▼ 아직 볼트캐리어를 꺼내지 않은 상태의 상부 리시버. 붉은 화살표는 하부 리시버에 있는 풀오토 시어를 작동시키기 위한 트립 바(Trip bar)로, 분해조립할 때 볼트캐리어가 걸리는 경우가 있으니 참고하시길.

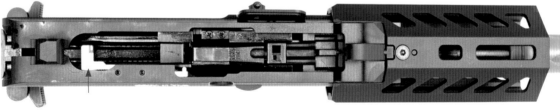

처럼 AR용 격발기구들이 사용되고 있고, 여기서는 VFC의 최근 AR용 스틸 격발기구 부품들이 이식되어 있다. 애당초 실총의 설계 자체가 그러라고 만든거니 당연하다면 당연한 이야기다.

분해조립의 주의
다만 여기서 조금 주의해야 할 부분이 있다. 연발사격을 위한 상부 리시버의 부품 때문에 분해조립이 좀 걸리적거린다는 것. 상부 리시버에는 연발(풀오토)

을 선택했을 때 노리쇠의 움직임에 맞춰 연발자, 즉 풀오토 시어(연발 작동이 되게끔 해 주는 부품)를 움직이게 해 주는 일종의 레버같은 부품이 있다. 실총에서의 명칭은 트립 바(Trip Bar)이다.
AR과는 크기와 형태가 다른 MPX의 볼트캐리어로도 AR용의 풀오토 시어가 작동하게 하기 위해 이런 부품을 따로 설치한 것인데, 이게 실물과는 형태나 크기가 좀 다르다. 실물에 이식되는걸 막기 위해서인 듯 한데, 이게 분해조립

할 때 볼트캐리어의 움직임을 가로막을 때가 간혹 있다. 당황하지 말고, 볼트캐리어를 좀 올리거나 트립 바를 살짝 당리면서(혹은 가능하면 둘 다) 볼트캐리어를 움직이면 큰 저항 없이 움직인다. 괜히 당황해서 힘을 과하게 주다가 아운 부품 갈아먹는 사태는 막으시길! 전체적으로 실사성능은 괜찮아 보인다. 일단 사격감(=손맛)은 좋다. 발사속도 꽤 빠르다. 안에 특유의 쇼트 스트로크용 버퍼도 들어있는데, 노리쇠의 작

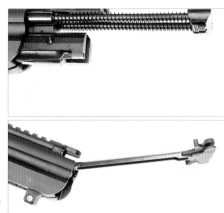

장전손잡이. 설명이 필요없는 물건이지만 고
치가 좌우 모두에 있고 크기도 대형이라 좌
거디서든 이것만 잡고 당겨도 된다. 즉 장전
까지 완전한 좌우대칭이라는 이야기.

▶ 분해과정 계속. 버퍼를 뽑아내고 볼트캐리
어를 뽑아낸 다음 장전손잡이도 뽑아낸다. 이
건 그냥 당기면 나가는게 아니라 홈에 맞춰
잘 들어내면 된다. 뭐 이거야 AR을 GBB로
다뤄본 분들이면 익숙할 듯.

◀ 기본분해를 끝낸 모습. 기왕이면
아우터 배럴까지 뽑고 싶었지만 빌린
총이라 참았다. 이거 망가트리면 안
되거든요… 비싼거라….

▼ 핸드가드 아래에 있는 핀은 홈이 살짝 나 있어
전방 리시버 결합핀에 의해 고정될 수 있게 했다.
덕분에 별도 잠금장치 없이 고정된다.

트로크가 길지 않은 9mm SMG들에
이 필요할까 싶기는 하지만 발사속도
빠른 쪽을 원하는 분들은 이 쪽을 선
할 듯? 물론 가스 소비와 내구성 향상
는 면에서도 이게 도움은 된다.

걸이 좀 애매: 어떻게 개선하나

안 실사 성능면에서 "우리 입장에서
좀 아쉬운 면도 있다(여기서부터는
강민 하비스튜디오 대표의 글).
적으로 최근 시작한 프랙티컬 슈팅

덕분에 이런저런 슈팅매치용 핸드건을
세팅하면서 자연스럽게 PCC(Pistol
Caliber Carbine - 피스톨 캘리버 카빈
: 기존의 권총탄을 활용한 카빈타입 소
총)에 관심이 많았기에 이번에 출시한
APFG(라고 쓰고 VFC라고 읽음)의
MPX-K는 영입 목표 1호 장비였다.
국내 첫 출시후 테스트 사격을 통해서
MPX-K의 반동과 작동성능, 개선해야
할 문제점, 그리고 가장 간단한 개선방
법을 밝혀 본다.

MPX를 처음 접해서 격발을 해 보면 생
각보다는 높은 격발 반동에 놀라게 된
다. 물론 기존의 AR방식이 아니기 때문
에 어깨를 때리는 반동은 덜 하겠지만 (
다만 순정은 스톡 자체가 없기 때문에
순전히 양 손으로 반동을 느낄 수밖에
없다) 기존의 GBBR 스카나 89식 소총
처럼 본체 자체에서 오는 반동은 더 큰
느낌으로 다가온다.
숏 스트로크에 상대적으로 가벼운 볼트
캐리어 덕분에 상당히 임팩트 있는 반

가스블로우백
GAS BLOW BACK

가스블로우백
GAS BLOW BACK

▶ 홉업 조절은 실물의 가스피스톤 자리에 있다. 리얼리티를 해치지 않는 자리이지만 동시에 조절하기에 좀 불편한 자리이기도 하다.

▲ 볼트캐리어. 실물처럼 리코일 스프링이 가이드와 세트로 되어있어 분해조립이 쉽다. 전체적으로 형태도 잘 재현되어 있다. 리코일 스프링 가이드의 앞쪽 끝(볼트캐리어 바로 위)에는 충격 흡수를 위한 버퍼 스프링이 추가로 설치되어 있다.

▲ 아우터 배럴은 그냥 돌리면 쉽게 빠진다. 가변 홉업기구를 포함한 챔버 을 분리하기 위해서는 육각볼트 2개와 가운데 고정핀을 빼주면 된다. 볼트 정핀을 빼주고 살살 앞으로 당겨주면 챔버 유닛 전체가 밖으로 빠진다.

▲ 실총에서 하부 리시버 내의 격발기구 부품들은 AR계열의 것을 대부분 그대로 이식한다. GBB에서도 VFC의 AR계열 부품들이 이식된다. 거 이상하다 VFC물건 아니라면서 왜 이렇게 만들었을까(잘 아시면서)….

▲ 챔버에는 홉업 고무가 보인다(제 색). 근데 이게 예상치 못한 골칫거 유저들에게 안겨주고 있다. 큰 골치는 니지만 어쨌든 고민거리라 할 수 있다

동, 그리고 빠른 발사 속도는 기존의 AR15계열에서는 느끼기 힘든 묘한 쾌감을 갖게 해준다.

이처럼 순수한 공격발 작동 테스트를 통한 느낌은 매우 좋았다.

하지만 실제 BB탄을 넣고 실사격에 나서게 되면 아무래도 이러한 기분 좋은 느낌은 급 우울로 바뀔 수밖에 없다.

왜냐하면 MPX-K GBB의 가장 큰 문제점-국내외 모든 사용자들의 지적-은 바로 순정 상태에서 지나치게 과하게 걸리

는 홉업이 문제이기 때문이다.

사실 이것은 MPX-K에 첨부된 잘못 표기된 전용 매뉴얼 탓도 큰 편이라 볼 수 있다. 매뉴얼에서는 홉업을 우측으로 돌려 걸어주고, 좌측으로 돌려 풀어준다고 명시 되어 있다. 결과적으로 이것은 반대로 표현한 명백한 메이커측의 실수라고 할 수 있다. 구조상 우측으로 다 돌리면 홉업이 완전히 풀리고, 여기서부터 조금씩 좌측으로 돌리게 되면 홉업이 걸리게 되기 때문이다.

아마도 이 때문에 처음 접한 사용자들 매뉴얼을 참고해 홉업을 거는데 반디 걸면서 발사된 BB탄이 높게 승천(! 는 황당한 모습을 볼 수 있었을 것이디 그리고 또 하나의 근본적인 문제는 실로 우측으로 홉업 다이얼을 다 돌려 전용 5mm렌치를 활용) 풀어도 0.2 과 가장 많이 사용하는 퍼프디노 틀 가스를 사용할 경우 기본적으로 탄이 이 뜨게 된다는 점이 지적 된다.

일부 대만-홍콩제 GBBR들의 가장

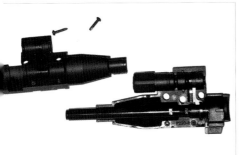

◀▶ 홉업 챔버 유닛은 아래의 십자볼트 2개를 풀어주면 바로 분해가 된다. 홉업 유닛의 구조를 알 수 있다. 상부 홉업 다이얼은 옆 페이지 사진에 나오는대로 5mm 육각 렌치를 이용해 돌릴 수 있는데 이 다이얼을 돌리면 가운데 은색의 홉업 누름쇠가 아래 파란색 홉업 고무를 점점 눌러주는 직관적인 타입(마루이 같은)이다.

▲ 본문에 언급된 과도한 홉업의 문제 해결을 위해 홉업을 눌러 주는 누름쇠(황색 화살표)를 살짝 가공해 주기로 한다. 누름쇠 좌측 P자 방향이 다이얼과 닿는 부분(적색 화살표)이다. 곡선모양의 라운딩 된 부분 이므로 둥근 줄톱으로 살짝 갈아주기로 했다.

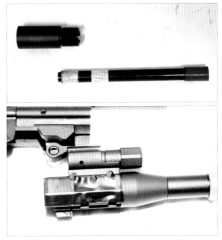

▲ (위) 인너 배럴은 11cm로 매우 짧다. 유격을 살짝 잡기 위해 종이 마스킹 테이프를 한 겹 감았다.
(아래) 챔버와 리시버 사이에도 유격이 있다. 챔버유닛 옆에 절연 테이프를 붙여 이걸 잡아준다. 개체마다 차이가 있으니 상태에 맞춰 테이프 두께를 조절해 붙여준다.

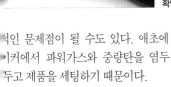

◀ 위에서 언급한 누름쇠의 해당 부분을 사진처럼 살살 가공해 준다. 아주 조금씩 깎아서 테스트해 보고 만족스러울 때 까지 반복해야 한다. 대체로 P자에 거의 닿을 정도 까지 갈아주면 되지만 개체차가 있으니 조심할 것. 일단 작업이 끝나면 홉업 다이얼에 대고 돌려 보면서 부드럽게 잘 돌아가는지 확인해 보자.

▶ (위) 10m에서 홉업을 다 풀어도 이렇게 위로 맞는다(0.2g). 이 정도면 20~30m에서는 사람 키를 넘길 정도로 뜨니 서바이벌 게임에는 못 쓴다.
(아래) 가공 후. 홉업을 전부 풀면 탄이 굴러 빠지니 홉업을 조금 걸어준 상태다. 10m에서 퍼프디노 블랙+0.2g탄 사용.

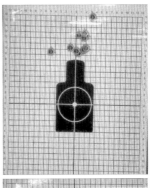

적인 문제점이 될 수도 있다. 애초에 ...커에서 파워가스와 중량탄을 염두 두고 제품을 세팅하기 때문이다. ...로 해외 사용자들은 MPX 노말에 ...g탄이 아닌 0.25탄을 넣고 홉업을 ...푼 상태에서는 아주 이상적인 탄도 ...보여준다고 한다. ...만 그런 부분을 감안한다 해도 이번 ...X의 홉업에는 약간 문제가 있다고 ...수 있다. ...을 다 푼 상태에서도 단단하게 홉업

이 걸린 것이기 때문에 이것은 내부를 분해해 일부 가공을 통한 개선에 나설 수밖에 없다.
다행인 것은 이번 MPX의 경우 홉업 파트를 분해하기 위한 레일 및 아웃바렐 분해가 상당히 간단하다는 점이다. 자세한 가공 방법은 위 사진을 참조해 하시면 문제가 나름 해결될 것이다.

가스블로우백
GAS BLOW BACK

◀ 운반손잡이는 안 쓸때는 위 사진처럼 총 옆으로 눕혀 놨다가 쓸 때만 세운다. 무거운 총인지라 이게 나름 도움이 되지만 꼭 있어야만 할지는 약간 의문이다. 뭐 실물에 있는거니까….

제원
길이: 1,095mm
무게: 3.95kg
탄창: 28연발
인너배럴 길이: 360mm
사용탄: 6mm BB

VFC
LAR (FN FAL)

촬영협조: 하비스튜디오
(https://smartstore.naver.com/hobbystu

언제부터인가 대만제 하이엔드 에어소프트 제품들중에는 '모델건화' 된 것들이 눈에 띈다. 비록 6mm BB탄을 발사하는 에어소프트 제품이지만, 종합적인 리얼리티는 거의 모델건 수준에 육박하는 제품들이 늘어난 것이다. 그 움직임의 가장 대표적인 메이커는 스텐과 우지로 업계를 뒤흔든(?) 노스이스트겠지만, VFC도 최근의 GBBR 라인업에서 이런 이야기를 들어

※2022년 10월 기준

도 부끄럽지 않을(?) 수준의 리얼리티 재현을 보여주고 있다.

가장 대표적인 것이 과거에 본지에도 소개되었던 G3이지만, G3에 이어 VFC가 또 한번 리얼리티 끝판왕이라 해도 좋을 GBBR을 내놓았다[※]. 바로 FN FAL이다. 정확한 VFC의 상표명으로 따지면 LAR이다.

사실 FAL은 1980년대까지는 서방세계를 대표하는 총이었다. 운용국가가 90개국에 이르고, 그 중에는 NATO 가

맹국들도 포함되어 있었다. 게다가 0
방 국가들에서 널리 운용하는 등 이
은 G3와 함께 냉전시대의 서방 표준
총에 가까운 지위를 누리고 있었다.
그럼에도 불구하고 에어소프트로의
품화는 생각만큼 잘 이뤄지지 않았
아무래도 운용국들 대부분이 작은 ㄴ
아니면 선호도가 낮은 나라들이고, ㅊ
운용국중 하나인 영국 및 영연방 국가
은 벨기에 오리지널 버전이 아니라 9
버전인 L1A1을 베이스로 한(인치 7

◀ 가늠쇠는 부속된 도구를 이용해 상하 조절이 가능한 구조로 되어있다.

◀ 가늠자는 예전 볼트액션 소총의 탄젠트식을 연상케 하는 거리 조절기능이 있다. 좌우 조절은 가늠자 본체를 드라이버나 부속된 전용 공구를 이용해서 할 수 있다.

◀ 장전손잡이도 잘 재현되어 있다. 오른손잡이 입장에서 쓰기에는 편하다. 사격시에 움직이지는 않는다.

로 만들어져 일명 '인치 FAL') 것들
. 이번에 VFC가 만든 미터 FAL(미
터 규격으로 만들어졌으니) 과도 미
하게 다르다.
도 VFC가 제품화를 단행한 것은
가 나왔으면 라이벌 개념으로 FAL
반 내고 지나갈 수는 없기 때문 아닐
어쨌든 한때 세계에서 가장 널리 채
군용 자동소총이었으니 말이다. 하
VFC는 FAL, 그 중에서도 FN의
기본형 모델이라 할 50.00형을 재

현했다. 아마 이게 인기를 끌면 50.61(
일명 FAL PARA, 즉 총열이 짧고 개머
리판이 접히는 버전)이나 L1A1등의 바
리에이션이 나올 것 같다.
그런데 여기서 의문. 왜 "LAR"일까.
FAL이 아니고.
물론 LAR이라는 이름은 뜻 자체는
FAL과 같다. FAL은 프랑스어로
Fusil Automatique Leger, 즉
'경량 자동소총'이고 LAR은 영어로
Light Automatic Rifle. 같은 뜻

가스블로우백
GAS BLOW BACK

가스블로우백
GAS BLOW BACK

▶ 왼쪽은 가스마개, 오른쪽은 가스조절기. 가스마개는 가스를 열고닫는 기능밖에 없고(A가 개방, GR이 폐쇄), 미세한 조절은 톱니바퀴 모양의 가스조절기를 돌려야 한다.

▼▶ 가스마개는 K2와 똑같은 방법으로 총에서 분리된다. 마개를 분리한 뒤에는 가스피스톤과 스프링도 쉽게 제거가 가능하다. GBB에서 딱히 기능이 있는 부분은 아니므로 조금이라도 무게를 덜고 싶은 분은 제거해도 되지만, 굳이 제거할 분은 극히 드물 듯?

이다. 즉 불어를 영어로 번역한 것의 약자다. 실제로 영어권 국가들에서 LAR이라는 이름으로 소개된 일도 있다. 즉 뜻 자체는 맞지만, 전 세계적으로 훨씬 유명한 FAL이라는 이름을 안 쓰고 LAR이라고 부른 이유는 뭘까. 보통 에어소프트가 원래 잘 알려진 이름 말고 다른걸 쓰면 대부분의 이유는 하나다 바로 저작권. FN이 FAL의 이름을 저작권으로 걸었을 가능성이 높으니 말이다. 그래서 그런지 총에도 조정간 각인

을 빼면 각인이라고는 찾아보기 힘들자, 하여간 이름은 그렇다 치고, 풀탈의 위엄은 과연 허당일까 실제일한번 잘 살펴보자.

일단 실루엣 자체가 범상치 않다. ㅅ지금까지 에어소프트로 나온 FAL계총기들은 뭔가 아쉬운 면들이 꽤 맋고, 특히 전동건으로 나온 것들은 가박스로 인한 변형을 감수할 수밖에었다. 하지만 이번 VFC LAR은 그'꼼수' 내지는 부득이한 부분이 없

▲ 조정간은 접근성도 좋고 조작성도 나쁘지 않다. 다만 안전에서 단발은 45도만 돌려도 되는데 단발에서 안전은 120도를 돌려야 하게 좀 불편.

▶ (위) 탄창멈치와 노리쇠멈치가 리시버 아래, 탄창과 방아쇠울 사이에 위치한 것을 알 수 있다. 노리쇠가 후퇴고정되면 노리쇠멈치를 아래로 누르거나, 빈 탄창을 빼고 새 탄창을 넣은 뒤 장전손잡이를 다시 당겼다 놓으면 된다.
(아래) 탄창멈치는 AK나 M14처럼 앞으로 미는 레버식이다. 이 시대만 해도 탄창멈치는 으레 이렇게 만드는거라고 생각한 디자이너가 대다수였다.

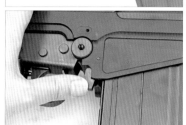

▲ VFC에서 제공받은 LAR의 사진. 우리가 실정법을 맞추면서 뭘 잃었는지 알 수 있다(흑흑). 총구의 소염기는 상당히 길고 묵직한데, 대검도 여기에 직접 씌우는 튜브 형태의 손잡이로 만들어졌다.

AL특유의 라인이 정말 잘 살아있다. 금까지 나온 에어소프트 제품으로는 히 최고라 할 수 있다.
부에서 '이거 실물과 다르다'는 지적하는 사람들이 가끔 있는데, 엄밀하 따지면 실물과 다른게 아니다. 실물 도 꽤 다양한 버전이 있고, 또 오랫동 생산된 물건이다 보니 생산 시기에 를 디테일 차이도 있다. 게다가 FN 나 공장만 만드게 아니라 아르헨티나, 가질, 이스라엘등 여러 나라에서 면허

생산이 되면서 생긴 차이도 있다. 이번에 재현된 LAR은 비교적 초기형의 리시버를 재현한 것으로 보인다.
모양도 모양이지만 표면처리도 리얼한 느낌이다. 실물도 이와 비슷한 파커라이징 무광택 처리이고 VFC도 이 색상과 느낌을 잘 재현했다(사진 찍은 사람 누구야? 그거 제대로 못 찍었어…). 다만 플라스틱 부품에 대해 리얼하지 않고 싸구려 느낌 난다고 불평하시는 분들 있는데, 음… 솔직히 실물도 상당수는 오십

보 백보다. 대부분의 FAL은 지금으로 부터 수십년 전 물건이고 현대와 같이 강도 높고 뭔가 느낌도 중후한 플라스틱(폴리머)이 당연하던 시절이 아니다. 게다가 실물도 결국 원가절감을 위해 고민한 물건이다.
모양이나 색상만 리얼한게 아니다. 분해도 실물과 사실상 같은 수준으로 이뤄진다. 리시버를 여는 방법도 똑같고, 다양한 부분을 거의 실물 그대로 분해할 수 있다.

가스블로우백
GAS BLOW BACK

가스블로우백
GAS BLOW BACK

▲ 탄창도 AK나 M14처럼 앞을 먼저 걸고 뒤로 당기는 식으로 끼운다. 다 그 시절 표준이다.

▶▼ 탄창을 제거하고 약실 비었는지 확인한 다음 기본분해 시작이다. 먼저 리시버 뒤의 리시버 고정레버(옆 사진)를 뒤로 밀면서 상하 리시버를 열어준다. 이 레버가 상당히 뻑뻑하므로 힘을 많이 줘서 열어야 하지만 안 열리는건 아니다.

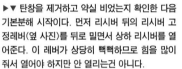

▲ 먼저 리시버 커버를 뒤로 당겨 뽑아낸다. 이걸 뽑아내지 않고도 볼트 분리가 가능은 하겠지만 이러는 편이 편리하다.

▶ 리시버 커버를 벗겨보면 볼트 유닛과 함께 상부 리시버 뒤에 끼워진 쇼트 스트로크 버퍼가 보인다. 이걸 떼면 발사 속도는 좀 느려지지만 풀 스트로크의 어깨맛(?)은 즐길 수 있다. 선택은 각자의 몫!

물론 다소 주의할 부분도 있다. 적어도 필자가 빌려 촬영한 개체의 경우 분해 레버가 처음에는 뒤로 당겨지지 않았다. 함부로 힘을 주면 남의 총 망가질까봐 굉장히 조심스러웠는데, 결국 힘을 좀 세게 줘도 괜찮다는 사실을 확인하고 조금만 더 힘을 줬더니 쉽게 열렸다.

일단 리시버를 열고 나면 그 다음은 일사천리다. 먼저 리시버 커버를 벗기고(안 벗기고도 그 뒤의 분해를 할 수 있지만 불편하다), 노리쇠와 노리쇠 뒤의

쇼트 스트로크 버퍼를 제거한 뒤 상하를 분리하고 핸드가드, 가스마개, 피스톤등의 각 부분을 사진에 나와있는 대로 분해한다. 운반손잡이의 분해도 가능하고, 남의 총을 빌린거라 참았지만 총열과 개머리판까지도 분해가 가능하다. 정말 실물을 재현하는데 진심인 VFC라고 해도 전혀 과언은 아닐 것 같다.

물론 너무 리얼해서 생기는 단점은 있다. 실물의 불편함도 그대로 이어받았다는 것이다. 뭐가 불편하냐… 먼저 분해조

립 방법이 좀 불편하다. 리시버를 열어주는 자체는 그렇게 힘들지 않지만 상하를 분리하는건 좀 불편하다. 물론 시대 기준으로는 어떨지 몰라도 현대 기준으로는 조금 번거로운게 사실이다. 또 다른 번거로움은 사이즈가 주는 분이다. 이건 고증이니 메이커에 뭐라고 할 수도 없다. FAL(LAR)의 길이는 1.09m가 넘는다(1,095mm). M1소이 1.1m이니 사실상 같다는 이야기게다가 무게도 4kg에 육박(실물 밑

▲ 볼트 유닛을 뒤로 빼서 리시버에서 제거한다. 리시버 커버를 씌운 상태에서 장전손잡이를 이용해 뒤로 빼는 것도 가능은 하다.

그 다음에 할 일은 상하 리시버를 분리하는 것이다. 저 리시버 좌측의 결합축 나사를 전용 공구로 돌려어준다. 박쥐 모양의 이 공구는 LAR의 영점조절나 분해를 위한 대부분의 상황에 쓸 수 있는 만능구로, 기본으로 들어있다.

▶ 결합축 나사를 풀어준 다음에는 결합축 자체를 왼쪽에서 오른쪽으로 밀어서 뽑아준다. 좀 뻑뻑하니 조심하면서 빼내는 것이 좋다.

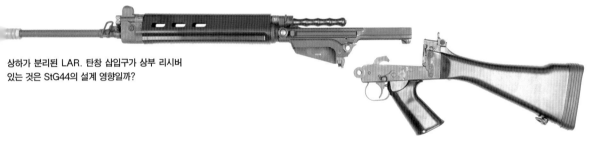

상하가 분리된 LAR. 탄창 삽입구가 상부 리시버 있는 것은 StG44의 설계 영향일까?

하부 리시버. 개머리판도 분리는 되지만 빌린 총 분리는 안했다. 해머는 스틸.

▼ 그 다음은 핸드가드의 분리. 가늠쇠 블록에 있는 고정 나사를 풀어야 시작된다. 어디서 많이 본 순서같은데?

어소프트가…)한다. 한마디로 M1개 보다 편할게 별로 없다는 이야기다. '경량 자동소총'이라며! 왜 뻥쳐!' 거야 다 그 시절 기준 아니겠습니까… 운드야 '반자동'소총인거고, 그 시절 '자동'소총이라고 하면 FN에서 만들 BAR이었으니 BAR보다야 '경량' 조 뭐…".

어소프트의 퍼포먼스
총도 엄연히 에어소프트다. 아무리

모델건급 리얼리티라도 BB탄이 얼마나 잘 나가냐 역시 안 따질 수 없는 물건이다.
이 총에도 작동 스트로크를 짧게 하는 쇼트 스트로크 버퍼가 끼워져 있다. 이걸 끼운 상태에서도 블로우백 느낌이 만만찮고, 이걸 빼고 풀 스트로크로 하면 물론 느낌은 더해진다. 볼트 유닛의 중량이 276g에 달하니 당연하다면 당연한 느낌이다. 발사속도 차이는 쇼트 스트로크 버퍼가 있을 때 650~660발 정도,

없는 풀 스트로크 상태에서 500~505발 정도로 알려졌다.
사실 BB탄을 쏘지 않고 블로우백만 즐기고 싶은 경우도 있을텐데, 그럴 경우를 위해 탄창에 공격발 기능이 달려있다. 일종의 스위치로, 이걸 걸어두면 노리쇠멈치(볼트 스톱)가 걸리지 않아 탄 없이도 연사가 가능하다. 나름 머리를 쓴 부분이라 하겠다.
흥미로운 부분은 가스 소모량이 예상보다 적다는 것. 가스 주입량은 17g으로

가스블로우백
GAS BLOW BACK

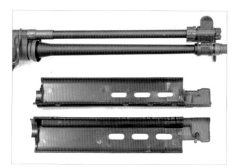

▲ 핸드가드는 좌우로 분리된다(점점 뭔가 떠오르는). 싸구려처럼 보이는 플라스틱이지만 대개 실물도 의외로 큰 차이는 없으니 너무 실망하지 마시길.

▶ 심지어 운반손잡이도 떼어낼 수 있다. 이처럼 전용 공구를 이용, 가스튜브(내부에 피스톤 들어있으니 먼저 피스톤부터 빼낼 것) 고정쇠를 돌려서 풀어준 다음 살짝 앞으로 밀면 아래 사진처럼 운반손잡이가 떨어진다. 생각보다 힘도 많이 들지 않는다.

▶ 상부 리시버는 실물의 제법 복잡한 형태를 잘 재현했다. 지금까지 나온 FAL계열 에어소프트 제품은 몇가지 있지만 이 정도로 이 부분을 정교하게 재현한 것은 없을 듯. 리시버가 볼트 유닛의 작동을 위한 레일 역할도 겸하게 되어있다.

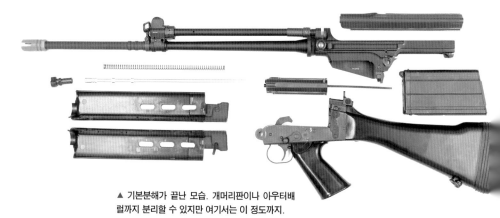

▲ 기본분해가 끝난 모습. 개머리판이나 아우터배럴까지 분리할 수 있지만 여기서는 이 정도까지.

결코 적지 않기는 하지만, 실내 기온이 25~26도 정도일 경우 50~60발 사이는 안정적으로 사격이 가능한 듯하다. 즉 한번 충전에 두 탄창 정도는 사격이 가능하다는 이야기로, 생각보다 연비(?)는 좋은 편이다.

인너배럴은 좀 짧다. 실총은 53cm(21인치)의 긴 총열을 자랑하지만, LAR의 인너배럴은 36cm다. 에어소프트는 토출압력의 한계가 있으므로 무작정 인너배럴을 길게 한다고 좋은게 아닌데, 이

게 딱 그런 경우 아닐까 싶다. 여기 이 정도 인너배럴을 표준으로 잡으나중에 아우터 배럴만 바꿔서 더 짧바리에이션을 내놓을 꼼수(?)도 있것이다.

탄속 자체는 우리나라의 규정상 한가 있지만, 해외 버전의 테스트 결를 보면 오차는 적은 편이다. 일본전의 탄속을 측정한 데이터(10발균)를 보니 최대가 약 71m/s, 최소최대의 편차가 대략 5.7m/s로 이

◀ FAL은 고정식 개머리판 버전의 경우 AR처럼 개머리판 안에 복좌용수철(리코일 스프링)이 들어간다. 볼트 뒤에 있는 꼬리(?)는 화살표에 표시된 부분을 찌르면 스프링을 후퇴시킨다.

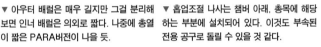

▲ 볼트 유닛. 실총이라면 볼트캐리어와 볼트로 분리된다. 크기에 비해 꽤 무겁다.

◀ 탄창에는 공격발 기능도 있다. 노란 화살표의 부품을 아래로 누르면서 붉은 화살표의 스위치를 뒤로 밀면 노리쇠멈치(볼트 스톱)가 작동하지 않아 BB탄을 안 넣어도 블로우백 연속작동을 즐길 수 있는 구조이다.

▼ 아우터 배럴은 매우 길지만 그걸 분리해 보면 인너 배럴은 의외로 짧다. 나중에 총렬이 짧은 PARA버전이 나올 듯.

▼ 홉업조절 나사는 챔버 아래, 총목에 해당하는 부분에 설치되어 있다. 이것도 부속된 전용 공구로 돌릴 수 있을 것 같다.

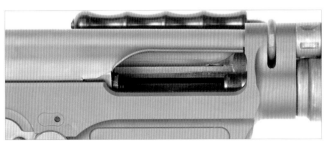

▶ 노리쇠가 후퇴고정된 상태. 탄피배출구가 열린 상태에서도 꽤 리얼한 느낌을 엿볼 수 있다. 정말 모델건급의 에어소프트라 해도 할 말이 없는 리얼리티다.

:면 GBB로서는 합격점을 줄만한 수 :이다.

:리고 탄속 편차가 적으면 잘 맞는다. .동건이 잘 맞는 이유도 마찬가지다. AR도 GBB로서는 꽤 잘 맞는 물건 .라 할 수 있다. 일본에서 일본 판매 .전으로 5발 탄착군을 계측(GUN프 .페셔널지 데이터)한 결과는 10m거 .에서 평균 50.5mm(0.25g탄 사용) .다. 이 정도면 꽤 잘 맞는 편이다. .합해 보면 LAR은 여러모로 잘 만

든 총이다. 리얼리티도 뛰어날 뿐 아니라 성능도 우습게 볼 레벨은 아니다. 아마도 지금까지 나온 FAL계열 에어소프트중에서는 역대급 수작으로 쳐야 하지 않을까 싶다.

물론 고증을 너무 잘 지켜서 생긴 문제가 에어소프트에도 그대로 이어지기는 한다. 간단하게 말해 처음 산 그 상태에서는 옵틱이고 뭐고 달게 없다는 것이다.

FAL은 70년 전의 총이다. 총에 뭔가

를 단다는 개념이 대단히 약하던 시절의 산물이다. VFC도 이걸 잘 재현한 바람에(?) 정품 상태로는 뭔가를 다는 것이 아주 힘들고, 핸드가드와 리시버 커버를 써드파티용 옵션으로 바꿔줘야 뭔가 새로 달 수 있다. 그래도 현재 알려진 바 대로면 이 부분은 실총용 액세서리 사용도 가능하고, 에어소프트용으로도 옵션이 나올테니 큰 문제는 아니다.

VFC
M733

촬영: Jihun Kim
모델 사진: VFC Website

1985년, 콜트는 M733이라는 신모델을 출시한다. 11.5인치의 짧은 총열을 갖춘 버전으로, 흔히들 '콜트 코만도'라고도 부른다. 사실 콜트는 이미 베트남 전쟁때부터 80년대 사이에 XM177 시리즈등 싸잡아서 'CAR-15'내지는 '코만도'등으로 불리는 M16/M16A1의 단축형 버전을 여럿 내놓고 있었는데, M733은 미군용 M16시리즈의 표준이 기존의 M16A1시리즈에서 A2시리즈로 바뀌는데 대응하는 모델이다. M16A2가 등장하면서 총열도 1회전당 7인치의 NATO표준으로 무게중심

이 옮아가는데다 리시버도 A2규격 디자인이 표준화되면서 단축형 시리즈도 그에 맞춰가는게 경제적이었던 것이다. 참고로 M733의 총열은 베트남 전쟁때 쓰던 XM177E2와 사실상 같은 길이인데, 이 길이에서는 화염과 소음이 심해 XM177E2에서는 대형의 소염기가 장착됐고 후속 버전인 M653에서는 총열이 14.5인치로 연장되었지만 '화염이건 소음이건 괜찮으니 짧게 해 달라'는 고객들이 제법 많았는지 M733에는 짧은 총열에도 불구하고 평범한 새장형 소염기가 장착되어있다.

M733은 이전의 단축형 시리즈들도 마찬가지로 적당히 짧은 총이 필요로 특수부대등에 그럭저럭 팔리는데, 미있는 것은 가장 초기에만 해도 가늠자가 M16A1과 똑같은 타입이라는 이다. 하지만 가늠자 빼고 나머지 리버 디자인 특징은 M16A2 그대로(화된 결합핀 주변의 하부 리시버, 초A2형 노리쇠 전진기, 탄피배출구 뒤돌출부)인데, 아시는 분은 아시겠지이게 바로 캐나다군 버전인 C7용이다이것은 처음부터 캐나다군용으로 설되게 아니라 M16A2 개발 과정에

▶ 옆 페이지와 이 사진은 VFC가 홍보용으로 촬영한 것. 컬러 파트 아닌 소염기가 어떤건지 알 수 있다. 누가 봐도 영화 히트의 향수가 아주 찐~하게 풍겨나오는 것을 알 수 있다. 그래 733 하면 히트지….

■온 과도기적 시제품 M16A1E1용의 ■것으로, 캐나다군이 이걸 C7로 채택■였으니 C7리시버라고도 불리기도 한■. 1985년이면 콜트에 M16A1E1의 ■제품용 부속이나 C7시제품용 부속■이 꽤 남아있었을텐데, 보통 이런 부■은 벌크로 주문하는 만큼(어차피 콜■도 리시버를 직접 만드는게 아니라 ■주로 들여옴) 시제품은 얼마 안 만■어도 부품은 그보다 훨씬 많이 남았■ 것이다.

■하튼 이 초기형 M733은 오래 생산되■ 는 않았고, 오래지 않아 가늠자까지

M16A2형으로 바뀐 버전이 나온다. 아무래도 C7리시버 재고가 소진된 듯. 또 초기에는 소위 '펜슬 배럴', 즉 총열 굵기가 기존 A1규격의 것과 똑같은 것을 썼지만 나중에는 A2규격으로 교체됐다. 나중에는 M4용 플랫탑 리시버 버전도 나오는 등 꽤 오래 콜트사의 제품 라인업에 포함되어 있었지만, 현재 콜트사는 따로 모델명을 붙이지 않고 M4 카빈의 짧은 총열 버전만 내놓고 있다. M733은 기본적으로 민수용이 아니고, 군에서도 특수부대등에서 소량 운용하는 총이다 보니 아무래도 숫자로는 마

이너다. 하지만 지명도는 또 다른 문제다. 다른 곳도 아닌 델타에서 운용하던 총이기도 하고, 다른 미군 특수부대나 경찰 SWAT들도 1980~2000년대 사이에 이래저래 쓰는 경우가 많다 보니 이 총에 대한 인기가 총의 보급도와는 또 다른 문제가 된 것이다.

무엇보다 이 총은 두 편의 영화를 통해 90년대부터 2000년대 사이를 상징하는 총 중 하나로 각인됐다. 바로 블랙호크 다운(2002)과 히트(1995)였다. 그 중에서도 최고는 단연 히트였다. 히트에서 이 총은 클라이맥스의 LA

가스블로우백
GAS BLOW BACK

▲ 각종 각인등은 정확하게 재현되어 있다. 표면 색깔이 실물보다 좀 어둡고 표면의 거친 질감이 좀 과장된건 있지 않느냐는 지적도 있지만 어쨌든 느낌이 좋기는 하다.

도심 총격전에 주인공들의 총으로 동원되었고, 그야말로 영화 역사에 길이 남을 총격전을 연출했다. 누가 봐도 영화 역사상 가장 리얼한 총격전 장면이었다. 마치 고압 호스로 물을 퍼붓자 사람이 거기에 밀려 쓰러지듯 '에너지가 퍼부어지는 느낌'은 압권이었다.

무엇보다 자동차 문짝 정도는 '뜨겁게 달군 송곳이 버터를 뚫듯' 관통해 그 뒤의 경관들까지 쓰러트리는 연출, 서로간에 엄호와 탄창교환, 이동을 반복하는 사격간 전술행동의 묘사등은 그 뒤 아직까지도 미 해병대등의 전술조

직들이 이 장면을 교보재의 하나로 이용하게 만들 정도다. 그런데 그 장면에 바로 M733의 C7리시버 버전이 등장하는 것이다. 총의 종류와 장면 연출에 직접적인 연관은 없지만, 어쨌든 이 총을 역사의 한 페이지에 올려놓는데 결정적 역할을 한 것은 부인할 수 없는 사실이다.

지금이야 이 총은 대부분의 운용기관에서 일선 은퇴한 옛날 총이고 업체에서도 단종됐지만, 이런 인기 덕분에 히려 민간시장에서 이 총의 복각판을 찾는 사람이 지난 수년 사이에 더 늘었다

개머리판의 길이는 늘였다 줄였다 딱 두 가지만 택 가능. 애당초 휴대성 늘리려고 붙인 옵션이지 늘날처럼 체형에 맞추고 어쩌고 하는건 생각도 하던 시절이다.

▼ 개머리판은 1980~90년대 사이에 많이 보이던 인입식. 그 전까지 알루미늄 합금으로 만들다가 폴리머로 바뀐 시절의 느낌이 재현되어 있다.

제원

길이:685/770mm
무게:2.27kg
탄창: 30연발
인너배럴 길이: 275mm
사용탄:6mm BB

하는 이야기지만 민간시장은 실용만이 아니라 아우라도 무시 못할 영력을 발휘하는 곳이니 말이다.

물며 에어소프트 시장이야 더 말할 요도 없다. 전동건으로는 이미 몇몇전이 나온 바 있는 M733이다. 하지 이번에 VFC에서 '결정판'이라고 GBB버전을, 바로 C7리시버를 사한 히트 버전으로 내놓았다.

FC의 야심작?

번※에 나온 M733은 최근에 나온

VFC제품들이 다 그렇듯 일단 외관부터 '꽉 잡고' 시작한다.

앞서 언급한 M16A1E1/C7 리시버와 펜슬 배럴등 초기형의 외관, 정확히는 '히트 버전'의 외관을 아주 정확히 재현하고 있다. 소염기도 해외판 정품은 A2타입, 즉 가스 배출구가 쏠려있는 타입이 아니라 균일하게 사방으로 배치된 A1타입으로 되어있다(국내에는 컬러파트로 대체).

아마도 총열이 매우 짧은 만큼 그나마 가스 분산 효과가 좀 나은 A1타입을 써서 화염이라도 약간 줄여보자는 것

같은데, 물론 그래봤자 실총에서는 거의 화염방사기급 화염을 내뿜는다(쉽게 말해 K1보다 화염이 더 세다!!!).

가늠쇠는 모르고 보면 그냥 평범한 M16A1/A2용 같지만 잘 보면 착검장치가 없다. 이건 실총도 없는거라 나름 깨알같은 고증 재현이다. 핸드가드는 요즘 우리가 익숙한 M4타입과는 미묘하게 다르다. M4용보다 조금 지름이 작다. 이 때문에 약간 길어보이지만, 이건 지름이 작아서 생기는 착시현상이고 길이 자체는 M4의 것과 같다.

이것은 내부에 들어가는 알루미늄 방

가스블로우백
GAS BLOW BACK

▼ (왼쪽) A2타입의 브래스 디플렉터(탄피막이 둑)은 있는데 가늠자는 A1타입이고 노리쇠전진기는 A2의 초기형 타입이라는 M733초기형의 디자인을 잘 재현했다.
(가운데) 가늠자는 A1타입인지라 좌우 조절만 가능. 거리에 따라 구멍이 큰 것과 작은 것을 선택할 수 있다.
(오른쪽) BURST(점사)대신 AUTO(연발)이 각인되어 있으나 이것도 고증이 틀린 것이 아니다.

▶ 노리쇠가 후퇴고정된 상태. 챔버 부분이 어렴풋이 보이는게 나름 이게 실총이 아니라는 것을 알려주는 듯 하지만 이거야 불가피한 부분이고 그 외에는 리얼리티가 매우 잘 재현됐다.

열판이 60년대부터 90년대까지는 일반 소총과 마찬가지로 한 장만 있었기 때문인데, 써 보니 짧은 총열 때문에 빨리 달아오르는 총열의 열을 감당 못한다는 이유로 90년대에 M4가 나오는 과정에서 방열판을 한 겹 더 넣고 그만큼 핸드가드도 굵어진 것이다. M4버전보다 이 구세대 버전이 더 예쁘다는 사람도 적지 않다.

개머리판은 우리에게 익숙한 신축식인데, 놀랍게도 2포지션, 즉 2단밖에 조절이 안된다! 즉 끝까지 넣었다 끝까지 뺐다 밖에 안된다. 체형에 맞춰서 길이를 몇단계로 조절… 그런거 없다. 지금이야 너무 당연한 아이디어이지만 이 때만 해도 개머리판을 늘리고 줄이는건 '쓸 때/안 쓸 때'로밖에 구분되지 않던 시대였다. 우리가 아는 몇단 조절 어쩌고는 90년대 중반 이후에야 시작된 새로운 흐름이다!

하부 리시버는 VFC의 표준적인 A2규격 리시버라 낯설지 않다. 구 마루이 전동건을 베이스로 한 버전들은 리시버 디자인도 마루이의 미묘하게 실물과 다른 느낌이 끝까지 지워지지 않지만 이건 GBB라 그런 제약이 상대적으로 덜하다(다만 탄창멈치를 둘러싼 돌출부 부분은 마루이가 너무 장난감처럼 샤프하다면 VFC는 너무 샤프함 덜한 느낌?).

게다가 VFC는 프랑스의 에어소프트 대형 총판 사이버건을 통해 콜트사 정식 라이센스를 맺고 실물을 취재만든 물건이다. 각인도 당연히 제대로 재현되어 있다. 이 총이 나올 당시 콜트 로고나 각종 각인등이 잘 재현어 있는 것은 두말할 필요도 없다.

조정간에 점사(BURST)가 아니라 발(AUTO)가 박혀있으니 이거 A2

(왼쪽) 가늠쇠는 얼핏 보면 그냥 M16A1의 것 그대로인 것 같지
만 잘 보면 착검장치가 절단되어 없다. 하긴 누가 이 총에 착검을 할
까. 이것도 물론 고증을 잘 지킨 부분.
(오른쪽) 상하 영점조절은 가늠쇠로만 가능하다. 하지만 M16A2를
쓰는 미군도 가늠자에서는 상하를 가급적 안 건드리고 가늠쇠를 이
용하는 만큼(적어도 90년대에는 그렇게 했다) 실용상 A1타입이라
서 큰 차이는 없을 듯?

◀ 노리쇠가 후퇴고정된 상태.
챔버 부분이 어렴풋이 보이는게
나름 이게 실총이 아니라는 것
을 알려주는 듯하지만 이거야
불가피한 부분이고 그 외에는
리얼리티가 매우 잘 재현됐다.

버 아니다!!! 라고 주장할 사람도 있
지만, M733은 정규군용이 아니다
니 점사 대신 연발 기능이 있는 버전
오히려 주류라 고증은 정확하다.
거 보시고 '도트나 스코프는 어디에
야요'하실 분들도 계실텐데, 그도 그
것이 레일이 없기 때문이다. 40대
상의 유저라면 모르겠는데, M4이후
플랫탑에만 익숙한 분들은 레일이
로 없는 고정 운반손잡이 방식의 이
트로한 디자인에 당황하실 듯. 옛날
는 말이죠~ 이런거에 다 맞는 마운
따로 사서 거기다가 또 달고 그랬어

요~. 잘 찾아보시면 요즘도 AR운반
손잡이용 마운트가 없지는 않으니 요
령껏 잘 다시길. 물론 히트나 블랙호크
다운 고증에 맞는 레트로한 모델이 아
직 있는지는 별개 문제지만 말이다!
핸드가드나 총열에 다는 다른 액세서
리는 또 나름 애써서 찾아보셔야 할 것
같은데, 뭐 이거 쓰던 시절에는 총에
뭐 많이 안 달던 시절이니 너무 고민
안하셔도 될 듯.

실제 성능과 메카니즘은?

기본적으로 이런 종류의 하이엔드

가스블로우백
GAS BLOW BACK

▼ 장전손잡이와 볼트캐리어도 본체의 색상에 맞춰 잘 만들어져있다. 볼트캐리어의 재질은 합금제.

▲▶ 하부 리시버 내부 부속 구성은 기존의 VFC제 BCM MCMR의 것을 상당히 충실하게 따른 편이다. VFC에 의하면 리코일 스프링도 이 총에 맞춰 새로 세팅되었다고 한다. 버퍼 자체는 MCMR에 썼던 것과 큰 차이는 없는 듯?

GBB는 종종 '쏘는 것'보다는 감상하고 즐기는 것, 즉 모델건에 가깝게 취급되는 경우가 있다. BB탄이 나가는 건 어디까지나 '덤'이고 구조나 외관, 분해결합등을 즐기는게 메인 아니냐는 것. 하지만 그런 분들도 있는가 하면 또 어쨌든 BB탄이 나가는 이상 실사격 성능도 중요한것 아니냐는 분들도 많다. 어쨌든 쏘라고 만든 물건이니 최대한 잘 쏘는게 이치에 맞는 이야기이기는 하다.

내부 메카니즘은 기본적으로 VFC의 기존 AR계열들과 큰 차이는 없다.

AR의 좋은 점은 한 번 틀을 잡아놓으면 이처럼 마르고 닳도록 다양한 바리에이션을 내놓을 수 있다는 것이다.

탄창은 알루미늄 다이캐스트이지만 상부는 수지로 된 제품으로 30연발이다. 하부에 콜트 각인도 제대로 박혀있다. 하부 리시버는 대체로 리얼하게 재현되어 있으며, 볼트캐리어 부분도 꽤 리얼하게 되어있다. 홉업 조절은 핸드가드를 떼어내면 아우터배럴에 홉업 조절 다이얼이 보이는 방식이다.

내부 구조는 기본적으로 전작이라 할 BCM MCMR의 연장선상에 있다. 특

히 밸브 노커등 주요 내부 부품들이 통 구조(호환성까지는 몰라도)로 되어 있다. 볼트캐리어는 스틸이 아닌 합으로 만들어져 있다.

전체적인 실사격 성능은 해외에서 테스트를 보면 나름 수준급이다. 일 버전의 테스트에서는 실내에서 8m서 사격을 한 결과 단발로 7cm탄착을 형성했다고 한다. 도트나 스코프 쓰지 않은 가늠자/가늠쇠로의 결과는 꽤 괜찮다. 탄속은 80m/s가 나왔데, 이는 0.2g탄을 이용해 기온 섭씨 23도에서 HFC134a가스를 사용한

◀ 탄창도 BCM MCMR에 썼던 것과 큰 차이는 없어 보인다. 탄창 바닥에는 콜트 정식 라이센스 제품답게 각인이 제대로 파여있다. 본체는 금속제지만 상부는 특수 수지로 만들어졌는데, 제품 내부 손상을 덜 가게 하려는 것 아닐까 싶다.

▶ 핸드가드는 아주 고전적인 스타일. 상하로 분리되는 타입으로, 내부 방열판이 한 장만 들어있어 M4용의 것보다 지름이 얇고 구멍의 숫자도 하나 적다. 고정도 실물과 마찬가지로 델타링으로 되어있는데, 델타링 스프링의 장력까지 실물 비슷하게 맞춰버리는 바람에 이거 분리하는데 상당히 힘이 든다.

▼ 박스는 진짜 온몸으로 "내가 콜트다" 외치는 수준. 이렇게 단순하면서도 이렇게 강렬한 에어소프트 패키지도 흔치 않을 것 같다.

▲ 핸드가드를 떼어내면 총목쪽에 나오는 홉업 조절 다이얼. 일단 핸드가드를 아랫쪽만이라도 떼어내면 그 다음 조절은 쉬운데, 문제는 그 핸드가드를 떼어내는 부분. 정 안되면 핸드가드 탈부착용 도구(철사로 만든거 있음)를 따로 마련하는게 현명할 수도 있을 듯하다.

~고 한다. 물론 일본이 아닌 구미나 ~등 탄속 규정이 느슨한 시장용은 ~나올테고, 우리나라야 뭐…(한숨). ~ 섭씨 23도 정도에서는 초반에 ~n/s정도가 나오던 탄속이 점점 느 ~ 60m/s근처까지 떨어졌다는데, ~도 한 탄창을 연발로 다 쏘는건 가 ~ 듯. 발사속도는 대략 640~650 ~분 정도가 나오는 듯하다.

~의 AR

~든 이 총은 오래간만에 나온 '레트 ~AR'이다. 테러와의 전쟁이 한창이

던 2010년대 초반까지만 해도 레트로 보다는 현용 AR의 최신 라인업을 재현하는 것이 한창 유행이었지만, 2010년대 중반부터는 테러와의 전쟁도 하강국면에 들어가면서 다시 추억을 소환하는 레트로 라인업의 인기가 꾸준히 늘고 있다. 실총 시장에서도 이런 추세가 뚜렷하지만 에어소프트 역시 유저들의 연령대가 올라가면서 이 취미를 시작하던 시절에 선망의 대상이던 레트로 아이템들에 대한 갈망이 늘어나는 것은 분명하다.
그런 분들에게 M733은 아주 좋은 아

이템이다. 당장 영화나 게임등에 나왔던 상징성도 있고, 또 에어소프트 게임용으로 봐도 GBB게임에서는 충분히 쓸만한 물건이니 말이다. 옵틱등을 달기 불편한 부분도 있지만, 꼭 달아야 하는건 아니잖습니까?
하여간 이 총은 여러가지로 추천해야 할 물건인데, 여러분도 이거 사서 양복에 '방탄조끼'(요즘 흔한 플레이트 캐리어같은거 말고!!! 옷 안에 입는거) 걸쳐입고 '히트'의 추억에 잠기시는 것은 어떠신지? 한쪽에는 큼직한 돈가방까지 둘러메면 완벽하다!

가스블로우백
GAS BLOW BACK

글 : 홍희범/김광민(smed70@gmail.com)
장비협찬 : 건사이트(www.gunsight.co.kr)
촬영장소 협찬: 모형꾼

VFC
PSG-1

'밈 건(Meme Gun)'이라는 말이 있다. 한마디로 인터넷 밈으로 많이 다뤄지는 총이라는 이야기인데, 밈이라는 말이 나오기도 전에 일종의 밈 건 같은 지위를 차지한 총들이 몇 있다. 아마 그 중 하나가 PSG-1아닐까.

PSG(Präzisionsschützengewehr: 정밀사격총)-1은 80~90년대에 저격총의 상징과도 같은 총이었다. 만화나 영화같은데서 저격총을 묘사한다면, 특히 SF물에서라면 PSG-1을 그리거나 최소한 비슷한 총을 그렸다. 한마디로 '쿨하고 미래적인 저격총'의 상

징같은 물건이었다.

사실 잘 모르고 보면 PSG-1은 G3를 '예쁘게 꾸민'것 같다. 물론 PSG-1이 G3의 설계를 베이스로 만들어진 총이고, 개머리판등 호환이 되는 부품도 꽤 있다. 탄창은 물론 공용이다. 하지만 노리쇠뭉치와 노리쇠(볼트 캐리어/볼트 헤드)는 G3와 미묘하게 달라서 호환성이 없고, 트리거 그룹도 민수용의 HK91을 베이스로 했다지만 이게 또 묘하게 다르다.

PSG-1은 정말 반자동 저격총으로는 80~90년대 사이에 '이보다 더 정확

할 수 없는' 총이었다. 노리쇠/노리쇠 뭉치는 물론 트리거 그룹까지 기존 G3와 다른 규격을 썼다. 정밀도를 대로 끌어올리기 위해서다.

사실 정밀도 그 자체는 아무리 노리 도 볼트액션과 비교하면 "잘 해야 등한" 수준인 것은 사실이다. PSC 은 당대의 우수한 볼트액션 저격총 자웅을 겨루는 수준의 정밀도를 지하기는 했지만 우월한 것은 아니었 그렇다면 왜 이 총을 개발했을까.

그 이유는 바로 '반자동'에 있었다 밀도 자체로는 이미 독일 경찰이니

▶ 실물의 풀세트 사진. 분명 VFC제품으로 똑같이 셋업해서 인스타에 올리는 사람 나올거라는데 한 표.

권총손잡이의 손받침(팜레스트)이나 방아쇠의 손▷ 받침(핑거 슈)도 높낮이 조절기능이 실물처럼 ▷현되어있다.

▷노리쇠 전진기도 달려있다. 실물에서는 조용히 노리▷를 닫을 때 생길지도 모를 불완전 폐쇄에 사용하라▷ 달려있다. 보강판의 용접자국이나 스코프 마운트베▷▷ 용접자국도 제대로 재현. 전용 스코프 대신 짧은 ▷티니 레일이 달려있지만 필요하면 전용 스코프를 ▷줄 수는 있다(구할수만 있다면).

에서 운용중이던 마우저 SP66같은 ▷트액션 소총도 좋지만, 대테러전 - ▷ 시가지 테러- 상황에서는 짧은 ▷간에 여러 표적을 정확한 연사로 제▷할 수 있는 반자동 소총이 필요하다▷ 여긴 것이다. 따라서 HK는 이런 ▷ 기관들의 의뢰를 받아들여 사실▷ '최고의 반자동 저격총'을 만들었▷ 바로 PSG-1의 탄생이다.

▷G-1은 G3라는 소총이 가진 특징▷ 중 정밀 사격에 유리한 부분을 '미▷▷이' 뽑아내어 강화한 물건이다.▷ ▷는 대부분의 다른 자동소총들과

달리 가스 피스톤도 가스 튜브도 없는 지연 블로우백 방식이고, 덕분에 총열은 원한다면 볼트액션처럼 다른 곳에 최대한 안 닿는 프리 플로팅 방식으로 만들 수 있다. 저격총의 총열은 최대한 뭔가에 닿지 않는 쪽이 균일한 집탄성을 유지하는것이 중요한데, 당시 (1970년대)만 해도 가스압 작동식 총기로 비슷한 특성을 얻는 노하우는 부족했던 것이다. HK는 바로 이런 상황에서 할 수 있는 최선의 선택을 했다고 해도 과언이 아니다.

PSG-1의 명중률은 프리 플로팅식 총

열에서만 나오는 것은 아니었다. 그야말로 총 전체를 최대한 잘 맞는 정밀 사격용 기계처럼 만들었다. 노리쇠뭉치/노리쇠 모두 탄착군에 끼치는 악영향을 최소한으로 줄이도록 재설계됐고, 격발기구 역시 그저 방아쇠 압력(1.6kg. 일반적인 군용 소총의 방아쇠와 비교해 대략 절반)과 느낌만 튜업한게 아니라 해머의 작동 거리를 최소한으로 줄여 방아쇠를 당긴 뒤 격발이 이뤄질 때 까지의 시간까지 최소한으로 줄였다.

여기에 더해 리시버 자체도 G3보다

가스블로우백
GAS BLOW BACK

▶ 칙 피스(뺨받침)나 벗플레이트(어깨받침)의 위치 조절용 렌치. 이걸로 돌려 조절한다기 보다는 위치 고정을 이걸로 풀고 조절은 직접 움직여서 한 다음 다시 이걸로 고정하는 용도라고 하는게 맞을 것 같다.

▼ 개머리판의 칙 피스와 벗플레이트는 높낮이와 길이 조절이 꽤 넓은 범위로 가능한 물건이다. 이것도 실물과 동일하다. 저격용 총기라기 보다는 정밀 사격경기용 총기의 디자인 개념을 더 받아들인 느낌이다.

더 단단하게 하려고 양 옆으로 꽤 두터운 철판을 용접해 보강했고, 개머리판도 아래위/앞뒤로 모두 미세 조정이 가능하며 권총손잡이마저 손의 크기에 따라 거치대를 조절할 수 있다. 아닌게 아니라 이 총은 당시의 '저격총' 보다 '사격경기용'총에 더 가까운 디자인이다.

이런 설계가 낳은 결과물은 엄청난 정밀도였다. 300m 거리에서 HK측이 기록한 탄착군 중에는 겨우 69mm짜리도 있고, 출하 기준이 300m에서 80mm 이하의 탄착군을 기록하는 것

이다. 중요한 것은 이게 흔히 사용하는 3~9발 사이의 탄착군이 아니라 50발(!!!) 평균이다(100야드 테스트에서는 0.5MOA정밀도를 기록하는 사례도 결코 드물지 않다). 정말 정밀도 하나는 확실하다. 게다가 무게가 탄까지 다 넣으면 8kg을 넘기 때문에 반동도 낮다. 즉 짧은 시간에 여러 표적을 정확하게 제압하는데는 안성맞춤이라는 이야기다.

이 때문에 PSG-1은 80년대부터 90년대 초반 사이에는 정말 '엘리트 대테러부대'의 상징과도 같았다. LAPD

SWAT도 LA올림픽을 맞아 이 총도입했고 우리나라도 707부대나 찰특공대 등이 86아시안 게임/88림픽 등을 맞아 도입한 바 있다. 가 그 비주얼이 정말 70년대에 설한 총이라고는 믿기지 않는 솔직지금 봐도 세련됐다- 데다 SF물냥 던져놔도 위화감이 없는 미래이미지까지 갖췄기 때문에 오래지아 만화나 영화, 게임 등에서 '쿨한격총'의 상징처럼 다뤄졌다.

하지만 PSG-1은 상업적으로 성거둔 총은 아니었다. 8kg의 무

▲ 핸드가드 아래의 레일. 요즘이야 엠락이네 피카티니네 하지만 이거 만들던 몇십 년 전에는 사격경기용 총기 규격의 레일이 달려있었다. 사진에 끼워져 있는 것은 해리스 양각대 장착용 어댑터.

▶ 핸드가드는 아우터 배럴 바로 위에 있는 나사를 드라이버로 90도 옆으로 돌려주면 어렵지 않게 분리된다. 흡업 조절을 위해서는 분리해야만 한다.

게고, 또 군 작전에서 저격총에 요되는 '터프함'이 있는지도 의문이. 즉 시가지나 공항등 비교적 '통제상황에서 대테러작전을 하는 경우는 최적화됐지만 그 외의 임무들에 얼마나 쓸모 있을지 의문시됐다— 동차로 따지면 스포츠카도 아니고이싱카라고나 할까. 당장 가격만 해 30년 전에 얼추 9,000달러 정도던 만만찮은 수준이었다.

코프도 이 총의 한계를 보여줬다. SG-1의 스코프는 독일 헨졸트사에만든 ZF6×42라는 6배율 고정배율의 PSG-1 전용이다. 볼트 고정식이기 때문에 떼었다 하면 무조건 영점은 틀어진다. 사실상 붙박이 스코프다. 1980년대 기준으로도 6배율은 높은게 아니었고, 스코프의 탈착이 안된다는 것 역시 그 시대 기준으로도 불편했다. 도대체 왜 이랬을까.

이것도 결국 요구되는 임무에 너무 최적화된 결과였다. 도심 대테러작전 중심으로 운용될 PSG-1은 아무리 멀리 쏴도 600m이상 쏠 일은 없다고 생각했고, 대부분 100m 혹은 그 이하 거리에서 사용됐다. 1986년에 뮌헨에

서 벌어진 인질극에서는 겨우 40m거리에서 쐈다. 게다가 지금과 달리 절대다수의 쓸만한 저격용 스코프는 고정배율이었다.

이런 상황에서는 HK와 헨졸트가 6배율을 선택한 것도 나름 이해할 수 있다. 당시의 고배율 스코프는 지금보다더 컸고, 또 배터리로 레티클(조준망선)에 불이 들어오는 기능까지 요구됐기 때문에 6배율보다 더 크면 그러잖아도 무거운 총이 더 무거워질 판이었다. 애당초 600m까지만 쏠 거라면 6배율 이상은 필요 없을거라는 게 당

가스블로우백
GAS BLOW BACK

◀ 핸드가드를 벗기면 나오는 아우터 배럴. 내부 디테일도 꽤 괜찮지만 내구성 문제 때문에 실총에는 없는 고정부(파란 화살표)가 있다. 실총은 이것도 없이 정말 총열이 밑둥 빼고는 어디에도 안 닿고 붕 떠 있는 프리 플로팅이다. 붉은 화살표는 홉업 조절 다이얼.

▶ 개머리판과 노리쇠뭉치를 빼 낸 다음 트리거 그룹을 분리한다. 고정핀이 없는 민수용 디자인이라 그냥 아래로 내리면 빠진다. 덕분에 뽑아야 하는 고정핀도 딱 두개다. 실물에서 민수용 디자인을 베이스로 만든 이유는 자동 기능이 있는 G3용 트리거 그룹과의 혼용을 막기 위해서인 듯.

▼ 실총과 마찬가지로 리시버 뒤의 고정핀 둘을 뽑으면 개머리판이 분리된다. 뺀 고정핀은 개머리판의 멜빵고리 양옆에 있는 구멍에 끼워서 보관한다. 이 구멍이 왜 뚫렸는지 궁금해 하는 분들이 꽤 계시는데, 이러라고 뚫린 구멍이다.

시의 생각이었고 말이다.

배율이 6배율로 설정된 것은 또 다른 이유도 있을 것 같다. 배율이 높으면 그만큼 사수의 시야도 좁아진다. 그런데 경찰/대테러부대의 저격수라면 표적 그 자체만이 아니라 주변 상황에 대한 관측도 중요하다. 만약 당시 독일 당국에서 필요하면 관측수 없이 단독으로 저격수가 배치될 가능성까지 염두에 뒀다면 스코프의 표적 주변 시야에 대한 배려는 더더욱 중요하다. 그렇다고 배율이 너무 낮아도 곤란하다. 지금처럼 줌 기능이 발달되어 맘대로

당겼다 놨다 할 수 있는 시대도 아니다 보니 6배율이라는 배율의 타협이 있던게 아닐까.

하여간 이렇다 보니 PSG-1은 유명세에 비해 보급에 빨리 한계가 찾아왔다. 90년대부터는 PSG-1보다 더 가볍고 스코프 교체도 가능한 MSG-90이 훨씬 더 보급되기 시작했고, 설상가상으로 미국에서 SR-25로 시작하는 7.62mm AR시리즈 저격총들이 예상 외로 우수한 정밀도와 더 저렴한 가격, 그리고 피카티니 레일을 통한 확장성으로 무장하고 시장을 지배하기

시작하면서 PSG-1의 설 땅은 점점 좁아졌다.

덕분에 PSG-1은 이미 절판됐고, 경량형인 PSG-1A1도 현재 HK홈페이지에서 사라졌다. 애당초 HK의 반동 저격/지정사수총 라인의 무게중심이 HK417계열(G28등)로 옮겨지도 오래고 말이다.

하지만 그렇다고 해서 PSG-1의 '명망'까지 없어진 것은 절대 아니다. 직히 지금 봐도 PSG-1은 그 어떤 격총보다 더 미래적이고 '간지나는' 총들 중 하나다 족히 40년은 된 총

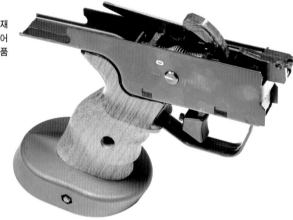

▶ 트리거 그룹도 충실하게 재현되어 있다. 자동 기능이 없어서인지 G3용의 것보다 부품 숫자는 더 적은 듯?

◀ G3용 트리거 그룹과의 차이는 해머 스트로크, 즉 이동거리다. G3의 해머(붉은 화살표)보다 PSG-1의 해머(파란 화살표)가 덜 뒤로 젖혀진다. 이는 방아쇠를 당긴 뒤 실제 격발이 이뤄지는 사이의 간격을 최소한으로 줄이기 위한 것이다.

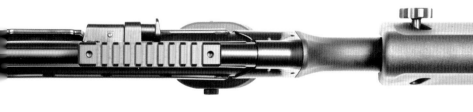

도 말이다! 무엇보다 실제로 각국고의 엘리트 대테러부대들이 애용던 총 중 하나이기도 하다. 그리고주 오래간만에 이 총을 제대로 재현에어소프트 제품이 등장했다. 바로FC의 가스 블로우백 제품이다.

벽한 PSG-1?

난 26년간 PSG-1의 에어소프트는실상 마루이 한 곳에서만 만들었는, 이번※에 VFC가 등장하면서 그안 유일한 완전판 PSG-1으로 여겨

2021년 3월 기준

지던 마루이의 아성은 깨져버렸다. 일단 재질부터가 풀스틸이라는 넘사벽이지만, 그렇다고 재질만 리얼한게 아니기 때문이다.

VFC도 마루이도 실물 취재를 통해 리얼리티를 재현하기는 했지만, 마루이는 아무래도 재질 자체가 주는 한계가 있다. 가장 큰 차이는 용접자국 재현이 됐냐 안 됐냐다. VFC의 경우 용접자국이 그대로 있는데, 이건 실물의 용접자국을 재현하려는 측면도 있지만 실제 제조공법에 용접을 선택하는 편이 현실적이기도 해서 자연스럽게

용접된 측면도 있다. 고증 겸 효율 겸 선택한 셈이다. 덕분에 리시버 측면의 보강 플레이트와 스코프 마운트 베이스를 용접으로 고정하면서 생긴 용접자국이 실물처럼 그대로 남아있다.

마루이의 경우 이 부분들이 아무래도 플라스틱 소재다 보니 용접자국의 재현이 되어있지 않다.

또 다른 마루이의 고증오류는 바로 리시버 상부다. 마루이 PSG-1은 G3처럼 리시버 상부에 클램프식 스코프 마운트가 걸리는 돌기부가 좌우에 있다. 하지만 실물과 VFC는 이런 부분들

▲ 실물 스코프 장착????? 물론 실물 스코프는 미국 같은데서도 쉽게 못 구하는지라 여기서는 마루이 PSG-1에 달려있던 것을 이식했다(국내법 준수를 위한 가공을 거침). 양각대도 마루이한테 빌렸는데, 끼워지기는 하지만 사이즈가 미묘하게 달라서인지 단단하게 고정되지는 않는다(스코프도 양각대도 다 떼어가고… 아낌없이 주는 총?).

▲ 위가 PSG-1 볼트캐리어, 아래가 G3 볼트캐리어. 실물은 호환성도 없지만 에어소프트는 호환성이 있는 듯 하다(바꿔 넣을 수는 있다). PSG-1에는 노리쇠 전진기를 위한 파도 모양 홈이 제대로 재현되어 있다.

▶ 기본분해가 끝난 모습. 구성은 실물과 거의 동일하게 되어있다.

없이 매끈하다(사진 참조).

아마도 마루이의 경우 전작인 전동 G3의 금형을 최대한 응용하려다 보니 그런것 아닐까 싶다.

실사격＋감상

VFC PSG-1은 기존의 G3A3를 베이스로 제작된 만큼 실제 작동성이나 반동 등은 거의 비슷하다. 물론 내부에서 볼트의 갈퀴부분이나 트리거 그룹 내 해머의 각도 등 실총과 동일하게 PSG-1의 반자동 전용으로 바뀐 차이점은 있지만 실제로 가스 블로우백 동

작 자체의 메카니즘은 그대로 답습했기 때문에 G3A3와의 실제 격발 느낌은 큰 차이점이 없다.

일단 테스트 제품에는 사진속 모습처럼 마루이 PSG-1에서 떼어낸 전용 스코프를 장착해 주었다. 4배율 40구경 스코프이기 때문에 실물 헨졸트 6배율 스코프와는 차이가 있지만 모양과 사이즈는 거의 비슷하기 때문에 장착해주면 상당히 그럴 듯 해 보인다. 에어소프트이니 오히려 4배율 고정이 테스트 사격에는 더 편했다. 그래도 요즘 나오는 고성능 가변배율의 스코

프들을 달아주는 것이 실제 타게팅에는 훨씬 더 큰 도움이 된다.

사격은 라이플 전용 새들 그립에 마운팅, 약 30m에서 IPSC 규격의 스틸타겟을 사격했다.

온도는 대략 18도 전후, 사용가스는 퍼프디노 블랙 가스를 사용했으며 VFC의 바이오 0.2g탄을 사용했다. 실제 사격을 해 보면 먼저 무거운 볼트캐리어의 롱스트로크 왕복이 생각보다는 날카로운 느낌이나 임팩트가 크지는 않았다. 반동과 임팩트는 동일한 개념의 반자동 스나이퍼인 M11

▼ 1980년대에 촬영된 실총의 홍보용 사진. 앞에 있는 거치대는 총에 딸려오는 정식 옵션이다. 정말 저격총이라기 보다는 저격에 동원되는 사격 경기총이라는 느낌이 강한 디자인 컨셉이다.

탄창은 20연발 사이즈
딸려온다. 5연발 탄창
별매. 실총은 20연발
고 작전 뛰는 경우가 많
이것도 고증 오류는 결
아니다.

아무래도 구조상(버퍼+버퍼스프
의 왕복) 더욱 컸다.

정 흡업을 맞추고 20발을 쏘면
0m 거리의 상반신 스틸 타겟을 거
무난하게 맞춘다. 특히 20발 탄창
큰 가스용량을 자랑하기 때문에 나
안정적인 탄도를 보여준다. VFC
M110과 비슷한 수준이라고 보면
듯하다. 물론 SR-16이나 URG-i
다는 나은 집탄성을 볼 수 있다.

재 발매중인 GBBR 중 가장 긴 인
배럴(650mm, G3A3는 455mm)
자랑하지만 0.2g으로 이러한 롱

배럴의 효과를 크게 보기에는 좀 부족
하다고 느껴진다. 해외에서 사용자들
이 테스트하는 것처럼 0.3g 혹은
0.36g의 중량탄을 사용하면 아마도
이번 사격테스트 결과와는 사뭇 다른
양상을 보여줄 것이라고 확신한다.

참고로 지금까지 나온 GBBR중 가장
긴 인너배럴은 WE사의 SVD의
640mm 였다.

노멀 상태 그대로를 즐긴다면 콜렉터
로서 재미난 타게팅은 가능하겠지만
실제 서바이벌 게임에서의 전문 스나
이퍼로 활용하기에는 0.2g탄의 한계

와 GBBR의 한계가 절실하게 느껴질
것이다. 물론 해외 유저들이 HPA를
세팅, 중량탄을 사용해 전문 스나이퍼
로 활용하는 것을 보면 PSG-1의 기
본 베이스는 충실한 것 같다. 하지만
국내에서의 사용 한계가 명확하게 나
타나기 때문에 약간은 서글픈 현실이
좀 아쉽다.

가스블로우백
GAS BLOW BACK

글: 이 대 영
사진: Steve Tsai
(본 제품은 대만 현지 판매형입니다)

VFC GBB G3A3
G3A3

▶ G3 및 MP5등 이 계열 총기들의 탄창멈치는 측면 버튼과 아래의 패들 모두 사용 가능하다. 민수용의 경우 실총이라도 측면 버튼형 멈치는 제거되어 있어 군경용과 구분이 가능하다.

에어소프트건의 세계에는 드디어 통일천하가 이루어졌다. 전동이든, GBB든 요즘 필드에서 볼 수 있는 총은 뻔하다. M4, 더 정확히 말하면 수많은 민수용 모델을 포함하는 AR15 계열이 바로 그것이다.

엄청나게 많은 스톡과 피스톨그립, 포어그립 같은 퍼니처(Furniture)와 함께 그보다 더 많은 액세서리를 교차로 조합하는 이른바 '레고놀이'를 통해 전혀 다른 총으로 보일만큼 다양한 외관을 만들어 낼 수 있는 AR의 탁월한 확장성을 따라갈 수 있는 총이 별로 없는 것은 사실이다.

하지만, 과연 그게 전부일까? 필드에 나가보니 서른 명 중에 스물아홉이 AR을, 그리고 한 명이 AK를 들고 왔더라는 이 기막힌 현상은 과연 정상이라고 할 수 있을까?

전동건 이전에 단발 에어코킹식이 필드를 지배하던 시절에도 에어건의 종류는 이보다 훨씬 더 다양했고, 국산 A사의 제품 라인업만 하더라도 요즘보다 오히려 더 많았다.

다시 말해 사용자의 다양한 취향과 선택의 존중이라는 점에서는 지난 2년간 에어건 업계는 퇴보를 거듭해 왔다고 해도 과언이 아니고, 이것은 에어건 업계의 주도권이 일본에서만, 홍콩같은 중화권으로 넘어간 것과 무관치 않다.

일본과는 달리 토이건의 역사가 짧고, 실물총기에 대한 높은 관심과 탄탄

▶ G3의 조정간은 흔히 SEF조정간이라 불리는 타입으로 왼쪽에만 있다. 80년대 이후 수출형에는 좌우 대칭형이나 3점사 기능등이 추가되었고 글씨 대신 유명한 총알 모양 그림으로 바뀌었다. 글자인 SEF는 S(Sicher)가 안전, E(Einzelfeuer)가 반자동, F(Feuersto β)가 완전자동.

▼ 플라스틱이나 캐스팅으로는 재현하기 힘든 HK리시버 상부 특유의 질감도 이 제품에서는 잘 재현되어있다. 측면과 상부의 돌출부는 내구성 보강을 위한 것이지만 이 곳의 일부를 더 튀어나오게 해 HK특유의 클램프형 스코프 마운트를 장착할 수 있게 했다.

]식으로 무장한 매니아 층이 상대적 로 빈약한 중화권에서 시장의 수요 '유행과 인기'에 더 초점이 맞춰지 마련이다. 즉 '영화에 나온 총'이 상 인기 1순위이고, 그게 아니면 아 리 총기의 역사에서 존재가치가 높 명총조차도 별 인기가 없고, 제품 되지도 않는다는 것이다.

루이의 긴 그림자
런 현상에서 한 가지 예외가 '마루

이 총' 이다. 사실상 에어소프트건 이라는 장르를 만들어낸 것이나 다름없는 마루이의 영향력은 아직도 상당부분 남아있고, 그 대표적인 현상이 '마루이 총의 리뉴얼' 현상이다.
아시다시피 G3는 마루이가 1980년대에 처음 에어코킹으로, 그 후 90년대에 다시 전동건으로 재출시 했던 품목이다.
2차대전 이후 냉전기에 벌어진 가장 큰 전쟁이었던 베트남 전을 통해 부

각된 M16이나 AK에 비해 상대적으로 그 존재감이 떨어진다는 점을 감안하면 마루이의 이런 'G3사랑'은 좀 유별난 구석이 있지만, 하여간 필자는 이 VFC의 최근작 G3A3 GBB도 길게는 그런 마루이 G3에 족보가 닿아 있다고 분석한다.
전동건에 이어 GBB의 라인업이 늘어가면서 '당연히' 가장 먼저 나온 AR과 AK시리즈에 이어 그 보다 인지도가 떨어지는 물건들, 이를테면

◀ GBB의 매력은 실총의 조작을 잘 재현한다는 것. HK특유의 노리쇠 후퇴고정도 가능하다. 단 유명한 HK슬랩은 자주 하면 볼트캐리어한테 썩 좋지 않을 듯 하니 자제하는 편이 좋을 듯?

▶ (위/가운데) 장전손잡이가 전진한 상태에서 머무르게 하는 돌기와 그 돌기에 끼워지게 하는 손잡이의 홈도 그대로 재현되어있다. 정말 디테일이 깨알같이 재현된 듯.
(아래) 소염기 형태나 결합 방식도 잘 재현되어있다. 소염기 끝부분의 홈은 철조망이나 전선등을 끼워서 총을 싹 끊기 위한 것이다.

GHK가 이보다 전에 내놓은 스위스군의 SIG SG550이나 이 G3같은 것은 정말 "예전에 존재했던 마루이 총을 새롭게, 더 잘 만드는" 컨셉이 아니라면 설명하기 힘들다.

특히 실총의 역사에서 결코 무시할 수는 없지만, 그렇다고 특별히 인기가 대단한 존재도 아닌 이 G3 소총을 LCT에서 전동건으로 다시 만들고, 곧이어 VFC와 WE가 거의 동시에

※2019년 10월 기준

GBB로 중복 출시해 경쟁을 벌이는 이런 현상※은 아무래도 왕년에 마루이의 에어코킹, 혹은 전동 G3를 기억하는 사람들을 대상으로 한 '추억팔이'의 냄새를 강하게 풍긴다.

단단하다!
손에 쥐어본 G3의 첫 느낌은 마루이 전동건과는 비교가 안 된다. 전체가 플라스틱 재질에 유달리 길어서 '벽에 기대어 세워 놓았더니 총 전체가

활처럼 휘어져 버렸다'는 전설이 ⃝해지던 마루이 전동건을 기억하는 ⃝자 같은 사람에게 이 제품은 거의 ⃝총이나 다름없다.

상/하부 리시버는 철판(실총보다 ⃝께가 약간 얇기는 하지만)을 사용⃝여 실총과 똑같은 프레스 공법으⃝만들어져 있고, 가늠쇠나 가늠자같⃝외부 부품들도 모두 실총과 같은 ⃝스트왁스(정밀주조) 공법으로 만들⃝진 철제다.

▶ HK 특유의 디옵터 사이트. 가늠자/가늠쇠의 원을 동심원으로 만드는 조준선 정렬 방식이다. K2에도 같은 방식이 쓰이는데, K2보다 G3쪽이 못해도 20년은 먼저 나왔다. 이게 우리나라 특유의 방식인 것처럼 믿는 사람이 아직도 좀 있지만 원조는 이쪽!

◀ G3용 가늠자는 로터리 타입. 숫자 1의 위치가 100m까지 쓰는 근거리용, 4가 400m 거리에서 쓰는 원거리용이다.

▶ (위) G3용 대검. 우리가 흔히 아는 미군용 대검과는 사뭇 다르다.
(가운데) G3는 총구 위로 착검한다. 대검 뒤쪽에 튀어나온 돌기 부분이 가늠자 아래의 구멍에 끼워지는 방식.
(아래 왼쪽) A가 착검용 구멍, B가 총류탄 후방 고정용 링. 총류탄은 소염기와 이 링 두 군데로 지탱된다.
(아래 오른쪽) 착검용 구멍 안쪽에는 이처럼 스프링으로 지탱되는 마개가 들어 있어 착검되지 않을 때 이물질이 들어가지 않게 해 준다. VFC는 정말 독일스러운(?) 이 부분까지 나름 재현했다.

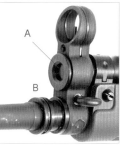

다가 이런 자잘한 부속과 몸체의 결합은 나사 따위가 아니라 튼튼하게 기용접을 해 놓았다 - 한마디로 실과 재질 및 구성이 완전히 똑같다. 기에다 각 부분의 결합도 매우 타이트하기 때문에 손에 쥐었을 때 토이건 특유의 삐걱거림 따위는 전혀 느껴지지 않는다.

초에 이 제품은 먼저 이 총을 전동으로 출시한 LCT로 부터 철판 프레스 '껍데기'를 사와서 그 속에다

GBB시스템을 구겨 넣은 것이라고 널리 알려져 있었고, 실제로 에어소프트건 메이커로 업종을 전환하기 이전의 LCT는 여러 메이커에 프레스 가공 부품을 납품하던 공장이었으니 그 얘기는 충분한 현실성이 있다.

하지만 엄밀히 비교해 본 결과, VFC G3A3의 외피는 LCT 전동건의 그것과 완전히 다르다.

기본 형태와 분할 방식이 훨씬 더 실총과 닮아있고, 세세한 디테일도 전

혀 다를 뿐 아니라 HK사의 정식 라이센스를 받은 각인들도 정확하다.

토이건에서 또 하나의 중요한 품질요소인 표면처리는 흔히 COD라 부르는 전착도장이다.

이것도 일종의 페인트 칠이라는 사실은 변함이 없으나, 마루이나 KSC의 제품처럼 속 편하게 검정색 페인트를 스프레이로 뿌려버린 것과는 차원이 다른 것으로, 쉽게 말하면 페인트를 금속 전기도금과 같은 방식으로 철판

가스블로우백
GAS BLOW BACK

▲ 기본분해가 된 G3A3. AR과 달리 탄창 삽입구까지 상부 리시버에 모두 달려있고 하부는 트리거 그룹만 분리된다. 이 레이아웃은 StG44에서 시작해 G3로 이어지는 나름 역사와 전통을 자랑하는(?) 것이다.

❶ 대부분의 HK총기들은 스프링 핀을 이용해 결합된다. G3는 HK330이나 MP5와 달리 개머리판 고정핀이 두개다.
❷ 개머리판 뒤에 보이는 구멍 두 개는 바로 뽑아낸 고정핀을 나중에 잃어버리지 않게 고스란히 수납하기 위한 것. 개머리판 밑둥의 원래 구멍 두개는 트리거 그룹 및 총열덮개 고정핀을 뽑아낸 뒤 수납하는데 쓸 수도 있다.
❸ 고정핀 두개를 뽑고 개머리판을 뒤로 당겨 뽑아내면 기본분해 시작. 물론 그 전에 탄창은 제거해야….
❹ 트리거 그룹을 분리하고 볼트캐리어를 뒤로 뽑아낸다. 트리거 그룹도 고정핀을 개머리판과 마찬가지로 뽑으면 된다.

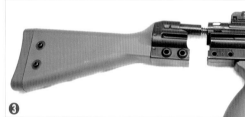

표면에 정착시킨 것이다.

전착도장은 일반적인 스프레이 도장보다 피막이 더 강할 뿐 아니라, 분사된 페인트가 리시버의 안쪽에는 칠해지지 않는 스프레이 방식과 달리 내부까지 빈틈없이 균일하게 칠해지므로 철판에 녹이 스는 것을 예방하는 방청효과가 훨씬 더 높다.

작동성능

VFC의 GBB에 대해서는 말이 많다.

아니, 더 정확히 말하면 악평과 욕설이 난무한다.

내부 작동부품 대부분이 스틸이 아닌 연질금속이라 쉽게 파손 된다는 것인데, 특이한 점은 VFC제품에 대한 이런 혹평은 유독 한국에서만 나오고 있다는 것이다.

비현실적인 관련법규와 계속되는 단속으로 인해 오랫동안 한국에서 에어소프트건은 드러내놓고 자랑하거나 평가할 수 있는 물건이 아니었고, 충

분한 경험과 지식, 그리고 많은 콜렉션을 소장하고 있는 전문가일수록 오히려 자신의 존재를 드러내는 것을 꺼리는 경향이 있다.

그리고 그 결과는 신뢰할 수 없고 처가 불분명한 정보의 범람이다. 험 많고 지식을 갖춘 사람들이 입 다물고 있으니 정작 그 물건을 제로 만져본 적도 없는 사람들이 어서 주위들은 부정확한 정보를 확대 재생산 해내는 익명의 온라인 사이

■ 상부 리시버 그룹도 실물의 형
태를 매우 잘 재현했다.

가변 흡업 조절 다이얼이 아우터 배
럴과 리시버의 연결부분에 위치해 있
다. 실물에서는 약실때문에 총열 지름
이 변하며 경사가 지는 부분을 다이얼
로 잘 활용했다.

▶ G3A3의 서독군용 핸드가
드를 제대로 재현. G3A3는
총열이 핸드가드에 닿지 않는
프리 플로팅 방식이다. 실총은
앞쪽 가늠쇠 블록도 최대한 총
열에 닿지 않는 디자인으로 되
어있는데, VFC도 총열덮개
고정핀 끼우는 자리가 아우터
배럴에 닿지 않는다.

◀▲ 트리거 그룹 케이싱은 실
물의 철판 프레스제를 정말 제
대로 재현. 심지어 권총손잡이
가 끼워지는 부분까지 캐스팅
부품등으로 대충 때우지 않고
정말 철판 접어서 용접한 실물
형태를 그대로 재현해놨다.

▶ 해머는 실물처럼 공이를 때리
지는 못하고 트리거 그룹 앞의
노커를 때린다. 해머에 맞은 노
커는 밀리면서 탄창의 가스 방출
밸브를 눌러 가스를 뿜는다.

거의 유일한 에어소프트 전문 커
뮤니티로 인식되고, 검증되지 않은
정보와 왜곡된 고정관념이 바로 그곳
서 집중적으로 생산되는 것이다.
렇게 "뱁씨" 와 "Very Fu**ing
mpany"로 시작되는 헛소리를 싹
시하고 객관적으로 바라 본 G3A3
어떠할까? 일단 내부의 작동부품
이 전부 스틸이 아닌 것은 사실이
볼트와 해머, 트리거는 아연 (Zn)
고 로딩노즐은 플라스틱이다. 하지

만 주요 작동부품이 모두 아연이라
쓰레기란 말은 당치않다.
극히 일부제품을 제외하곤 지금 시중
에 나와 있는 모든 메이커, 모든 기종
의 GBB가 이 정도의 아연부품은 모
두 다 쓰고 있고, 그럼에도 대부분 큰
문제없이 잘 작동하기 때문이다. 실
제로 힘이 걸리는 스프링이나 핀 종
류는 당연히 강철이지만, 그 밖의 부
품들은 너무 단단하여 가공이 어렵고
결과적으로 단가가 비싸지는 철을 굳

이 재료로 사용할 필요가 없다.
어쨌든 아연보다는 철의 내구성이 훨
씬 더 월등하지 않느냐고 주장하는
사람에게는 이 '장난감 총'을 들고 전
쟁에라도 나갈 참인지. 혹은 실총처
럼 최소한 50년을 버티는 내구성이
꼭 필요한 것인지, 그리고 무엇보다
그로인해 훨씬 더 비싸질 수밖에 없
는 가격을 감수할 것인지 되묻지 않
을 수 없다. 필요 없는 부분에 대한
소재의 강화는 일종의 품질 과잉이

가스블로우백
GAS BLOW BACK

◀ 조정간을 S자보다 더 위로 돌려버리면…
어? 빠지겠네? 그럴때는 그냥 과감하게 뽑으
면 된다. 원래 이러면 쉽게 빠지는 설계다.

▼ 개머리판은 복좌용수철(리코일 스프링)까지 실
총처럼 모듈화되어있다. 물론 스프링의 길이나 형
태, 버퍼(완충기)등은 에어소프트에 맞춰 변형되
었지만 실물같은 기분은 잘 살려놨다.

◀ 조정간을 맨 위까지 돌린 뒤 왼
쪽으로 뽑으면 실물과 마찬가지로
트리거 그룹이 그대로 빠져나간다.
나중에 이 부분 통채로 교체할 수
있어 정비성은 높을 듯.

▶ 트리거 그룹에는 실물의 차
개 부분까지 잘 재현되어 있다.
다만 내부 부속들이 실총의 격
발기구 부품과는 칫수 호환성이
없고 내구성도 실총의 혹사를
버틸 수 없는 수준이다.

고, 낭비일 뿐이다.

국내 법규에 맞도록 조정되지 않은 순정상태의 탄속은 0.20g 탄 기준으로 평균 390 FPS 정도이고, 450mm의 긴 인너배럴에서 나오는 집탄성도 훌륭하다(흔히 GBB는 전동에 비해 집탄성이 나쁘다는 것이 상식처럼 되어있지만, 이것이 상당부분 근거 없는 미신이란 것은 다음기회에 자세히 설명하기로 한다).

280g에 달하는 묵직한 질량의 볼트가 빠르게 왕복하는 반동은 여러 메이커에서 발매되고 있는 AR모델들의 평균치보다 더 강하게 느껴진다.

다른 성능이 다소 떨어지더라도 강한 반동이야말로 좋은 GBB의 가장 중요한 조건이라는 믿음을 가진 필자에게는 썩 만족스런 부분인 동시에 약간의 지식과 손재주를 갖춘 사람들이라면 튜닝을 통해 반동을 좀 더 키울 수 있는 여지도 있어 보인다.

그리고 무엇보다 급탄 트러블이 없

다. 더블 피딩(Double feeding), 두발의 BB탄이 동시에 올라와 한 은 고무챔버 안에 제대로 장전되지 다른 한 발은 챔버 주변의 빈틈에 어들고, 그것이 전진하는 볼트에 혀 으스러지는 이른바 '맷돌현상 모든 GBB에서 가장 흔하면서도 명적인 트러블이다.

그래서 극단적으로 말하면 "오만기 문제가 있어도 더블피딩 없으면 그 이 제일 좋은 GBB"라는 말이 있

볼트캐리어(노리쇠뭉치)도 GBB는 한계를 감안하면 매우 리얼하게 현된 편이다. 위쪽의 활대 모양 부은 얼핏 생각하면 가스활대(가스 스톤)처럼 보이지만 롤러로킹 방은 피스톤이 없다. 실총에서 이 부은 질량 확보를 위한 쇳덩이+장전 잡이에 밀리는 역할을 한다.

GBB에서 실제 하는 역할은 없지 볼트 헤드에 달린 갈퀴 스프링까 제대로 모양을 재현해 놓았다.

▶ 탄창도 정말 모양이 제대로 재연되어 있다. 심지어 GBB라는 특성상 꼭 필요한 가스 주입구 부분도 흔히 달아주는 탄창 바닥 부분이 아니라 총에 꽂으면 보이지 않는 뒤쪽 위다. 참고로 탄창 측면에 앞뒤로 다섯곳의 돌출부가 튀어나온 형태는 독일군(서독군)용 알루미늄 합금 탄창을 재현한 것으로, 70년대 이후 독일군용 제식 탄창은 대부분 이것이다.

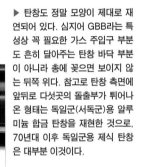

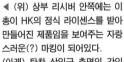

◀ (위) 상부 리시버 안쪽에는 이 총이 HK의 정식 라이센스를 받아 만들어진 제품임을 보여주는 자랑스러운(?) 마킹이 되어있다.
(아래) 탄창 삽입구 측면의 각인도 제대로 재현되어있다. G3FS는 G3A3/A4 통털어서 프리 플로팅 방식 총열을 갖춘 모델을 뜻하는 각인이고, HK는 당연히 제작사, 2/72는 아마도 1972년 2월, BW는 Bundeswehr, 즉 독일 연방군(서독군)을 뜻한다.

도이다.
지만 이 G3A3는 그런 문제가 전혀 다. 그냥 방아쇠를 당길 때 마다 정히 한발의 탄이 발사되고, 연발에도 전혀 아무런 트러블이 없다.

지막으로
양 게임에 쓸 가성비 좋은 GBB를 는 사람이라면 이 G3는 그다지 좋 선택이 아닐 수도 있다.
날 총' 답게 1m가 넘긴 긴 길이는

시가전, 산악전할 것 없이 모두 불편하고, 체감반동을 늘리기 위해 전체 중량을 줄이는데 많은 노력을 한 흔적이 엿보이지만 여전히 3kg가 넘는 무게도 결코 가볍지 않다.
그리고 무엇보다 장탄수가 20발에 불과하여 40발의 AK, 30발의 AR과 비슷한 탄수를 휴대하려면 값비싼 탄창을 더 많이 사야한다.
그럼에도 불구하고 이 G3를 사랑하는 사람은 '뭘 좀 아는' 사람임에 틀

림없을 것이다.
60년대부터 90년대 중반까지 독일군의 제식소총이었지만, 정작 많은 총기애호가들은 이 총이 별 존재감 없는(=실전경험은 없던) 서독군 제식소총이었다는 사실보다 모잠비크, 앙골라 내전을 누비던 용병들의 총이었다는 사실에 더 큰 향수를 느낄 것이고, 필자 역시 그러하다.
아프리카 사바나 초원의 냄새가 느껴지는 총. 그것이 바로 G3다.

가스블로우백
GAS BLOW BACK

제원 Specification

길이 : 490/650mm
무게 : 2,830g
인너배럴 길이 : 208mm
장탄수 : 30발

글 : 김광민(smed70@gmail.com)
장비협찬 : 건사이트(www.gunsight.co.kr)

VFC
MP5A5 GBB

현대적 기관단총(SMG)의 대명사인 MP5 시리즈는 에어소프트건 매니아들 사이에서 항상 선두를 차지하는 AR15 계열 다음으로 인기 아이템이다. 물론 AR15/AK 라인업의 존재 때문에 실제 판매고는 AR15와 AK시리즈 다음을 차지하겠지만, 어떤 자리에서나 항상 빠지지 않는 스테디 셀러 자리를 고수 하고 있다.

에어소프트건 시장에서 MP5시리즈의 위상이 이렇게 높고 이에 부응하듯 수많은 메이커에서 전동건으로 제품화 시키고 있지만 정작 GBBR은 2012년 VFC사의 MP5A5 GBBR 탄생이후 WE사가 제품화 시킨 것 이외에는 어떠한 회사에서도 제품화시키지 않고, 혹은 못하고 있다.

물론 여기에는 정식 라이센스 계약 등 상표권등록의 예민한 문제들이 걸려 있는 소위 "어른들의 속사정"이 많이 차지하겠지만 그래도 MP5 특유의 정밀한 프레스 가공 스틸 상부 통짜 리시버를 제작하기가 쉽지 않은 부분도 큰 이유를 차지하고 있다.

이렇듯 GBBR에서는 먼저 포문을 열었던 VFC사였지만 애석하게도 지해까지 평가의 핵심은 "우마렉스와 라이센스계약+디테일한 외관은 정일품이지만 GBBR의 내부 신뢰도 성능은 WE보다 한수 아래"라는 평가 대부분이었다.

이를 극복하기 위해 수많은 노력을 울였던 VFC는 결국 지난해 6월 MP5A5 V2(버전2)를 출시, 지난지 상대적 열세였던 발사성능과 수

※2021년 기준

▼ VFC 특유의 가이드홉업이 적용된 제품이며 사진속 바렐넛 부분의 다이얼을 돌려 홉업을 조정한다. 즉, 홉업 조절은 핸드가드만 떼어내면 별도의 공구 없이 바로 조절 가능하다.

실물과 동일하게 강화 플라스틱으로 제작된 핸드가드. 모양 정확하다. 실물과도 100% 호환 가능하다. 참고로 VFC에 는 구형 슈어파이어 라이트가 고정된 네이비타입 핸드가드, 일이 장착된 택티컬 핸드가드 등도 옵션으로 판매중이다.

▶ 아우터배럴과 상부 리시버 튜브등의 형태도 정확하다. 총구 부분은 스틸 재질. 원래 네이비 버전에 처음 적용된 이 디자인은 필요하면 소음기를 직접 끼울 수 있는 것으로, 평소에는 보호 캡으로 덮여있다.

평가를 단숨에 뒤집었다.
론 일부 MP5 V2시리즈에 대한 단들도 지적되고 있지만 그래도 이 정 과면 과거의 불명예를 씻기에는 충한 성과라 할 수 있었다.
'C MP5 구형버전과 V2버전의 가큰 차이점은 새롭게 선보이게 된 트캐리어 및 대구경 실린더, 신형 여, 그리고 BB탄을 밀어주는 팔로 와 내부 실링을 개선시킨 신형 탄더블 피딩을 최소한으로 줄여주고 을 개선시킨 신형 피딩 램프, 작

동성 및 타이밍을 개선시킨 신형 시어 세트 등을 채용해 발사성능과 신뢰도를 크게 높여주었다. 이 때문에 VFC에서는 구형버전의 MP5를 V2버전으로 컨버전 시켜줄 수 있는 새로운 부품들을 묶어 판매하는 등 이미지 개선에 적극적으로 나서기도 했다.
그렇다면 VFC MP5A5 V2의 외관을 살펴보자. 사실 상대적으로 성능 열세였던 구형버전의 최대 장점이 정식 라이센스계약을 통한 실물각인, 그리고 실물과 동일하게 표현된 외관이었기

때문에 이번에 취재한 V2버전도 정말 지적할 만한 곳이 없을 정도로 상당히 리얼한 외관을 자랑한다.
실물과 동일하게 프레스공법으로 정밀하게 제작된 스틸 상부 리시버의 외관은 정말 일품이다. 도장상태가 다소 아쉬웠던 WE에 비한다면 상당히 깔끔하고 정확하게 제대로 재현됐기 때문에 최고의 장점이라고 손꼽아 주고 싶다. 솔직히 이정도면 모서리를 적당히 벗겨주고 실물 MP5사이에 놔둬도 쉽게 구분이 안 될 정도다.

45

가스블로우백
GAS BLOW BACK

▼ (위) 스틸 상부리시버의 형태나 용접자국 등이
정확하게 재현돼 있다. 장전손잡이를 뒤로 당겨 노
리쇠를 후퇴고정하는 것도 재현.
(아래) 실물은 탄창이 비면 노리쇠가 후퇴고정되는
기능이 없지만 이 제품은 BB탄이 떨어지면 볼트캐
리어가 사진처럼 중간 정도에 걸쳐 멈춘다. 완전히
후퇴고정되면 더 보기는 좋겠지만 실총에도 없는 기
능이 있는 것이니 불평하기도 힘들 듯.

▶ 리어사이트는 실물과 동일한
형상에 재질도 풀스틸로 제작. 좌
우 조절용의 상부 큰 십자 볼트도
실물 그대로 재현했다. 사이트 다
이얼을 돌리는 것도 정말 빡빡하
다. 상부에 실물과 동일하게 리얼
각인들이 제대로 박혀있다.

▼ GBB제품의 백미는 실총 조작의 재현. 이것도 HK슬랩을 만끽할 수 있다. 다
너무 좋아하다 가끔 BB탄이 파손될 수도 있으니 조심할 필요는 있겠다.

여기에 강화플라스틱 재질의 하부리시버의 그립감 자체도 상당히 좋다.
실물과 동일하게 좌우가 조절되는 로터리식 리어 사이트(가늠자)도 스틸재질이며 정확하게 재현(다만 돌리는 데 상당히 빡빡하다), 양손잡이용 셀렉터(조정간)도 정확하게 잡아냈다. 특유의 도톰한 볼륨의 장전손잡이 모양이나 원형의 프론트사이트, 실물과 동일한 규격의 레일 마운트 베이스 등 MP5 자체를 거의 완벽하게 재현했다고 해도 과언이 아닐 정도다.

이밖에도 인입식 스톡과 원터치식 클램핑 레버 등도 실물 그대로의 감성을 뽐내고 있다.
한마디로 외관으로 단점을 찾기 어려울 정도라고 할 수 있다.
내부로 눈을 돌려보자.
일단 기본 분해는 실물과 동일하다. 고정핀 3개만 뽑으면 상하부 및 핸드가드, 개머리판이 그대로 분리된다. 크게 상부 리시버와 볼트캐리어+버퍼 시스템, 하부리시버, 개머리판(리어 스톡), 핸드 가드 등으로 분리 되

며 여기서 하부 리시버내의 트리거 룹은 실물과 동일하게 모듈화 되어 정비 및 교체가 비교적 쉽다는 점이 있다. 다만 트리거 그룹 내 일부품은 최근 VFC가 AR15계열에 준 장착시킨 스틸재질의 신형 해머림 스틸로 되면 좀 더 좋았을 텐데라는 아쉬움은 있다.
볼트캐리어를 살펴보면 버퍼 및 리일 스프링이 같이 세팅된 상태로 노내 실린더 용적량이 구형에 비해 늘났다. 내부 피딩램프나 챔버 부둔

▲ 개머리판 형상이 아주 정확하게 구현됐다. 백플레이트와 버트플레이트 모양이 아주 정확하다. 다만 스톡을 펼친 상태에서 백플레이트 부분이 약간 유격이 발생하는 것이 단점이다.

▲ 볼트 후퇴시 어느 정도는 백플레이트로 가해지는 충격을 흡수해줄 수 있는 우레탄 재질의 버퍼 쿠션이 장착돼 있다. 이것 덕분에 볼트/볼트캐리어가 블로우백 충격을 버틴다.

▶ 백플레이트와 스톡 고정 멈치등을 아주 정확하게 재현. 요철 형태의 가공도 아주 정확하다. 정교한 이런 디테일의 재현은 실물을 허락받고 측정한 제품의 강점이라 하겠다.

롭게 개선된 설계를 통해 안정적인 탄이 가능해 졌다.

창의 경우도 실물과 동일하게 스틸 질로 케이스가 제작됐으며 새롭게 메된 BB 팔로워로 인해 볼트 스톱 등에 대한 신뢰도를 더욱 높였다. 스 효율성도 상당히 높아졌다고.

메 실제 격발을 시켜보자.

창에 가스를 채우고 비비탄을 채운 본체에 넣으면 약간 타이트 하게 가는 것을 느낄 수 있다. 삽입된 창의 유격이나 흔들림은 거의 없다.

장전손잡이를 당기는 느낌은 생각보다는 좀 빡빡하다. 하지만 큰 위화감이 느낄 정도는 아니다.

셀렉터를 조작하는 것도 상당히 딱딱 끊어지는 느낌이 든다. 뭔가 확실하게 본체에 손가락으로 명령을 내리면 정확하게 실행해 주는 느낌.

방아쇠를 당겨주는 느낌은 좀 오묘하다. 방아쇠 자체의 스프링 텐션은 강한데 정작 시어를 움직여주는 딸깍거리는 움직임은 약간 약한 느낌이랄까? 개인적으로 선호하는 감각은 아

니라서 약간 아쉬움이 남는다. 이것은 지극히 개인적인 부분인 점을 명확히 밝혀 두고 싶다.

하지만 격발이 시작되면 그동안의 사소한 아쉬움은 한순간에 사라진다.

정말 호쾌하면서도 딱딱 끊어지는 발사 사이클이 진행되는 것을 느낄 수 있기 때문이다. 구형에 비해 더욱 강력해진 반동도 일품이다. 여기에 반자동, 자동사격 뿐 아니라 3점사 기능도 상당히 재미있다. 정확한 타이밍으로 끊어주는 3점사 기능 상당히 훌륭

가스블로우백
GAS BLOW BACK

▶ 신형 피딩램프. 구형에 비해 파손을 줄이고 더블 피딩 문제를 줄였다고 하는데 경험상 아주 간간히 BB탄 파손이 발생했다. 해외에서도 이 부품은 의견이 분분한 편. 개인적으로는 사용하는데 큰 문제는 없었다.

◀▼ 탄창도 스틸재질로 아주 리얼하다. 구형보다 내부 실링이 강화되어 가스 누출확률이 적고 가스 효율성도 높아졌다고. 특히 BB탄을 미는 팔로워 형상이 구형보다 개선되어 볼트를 정확하게 걸어주고, 탄 공급도 원활하다.

▲ 볼트캐리어의 모습. 모양이 상당히 정확하다. 다만 리코일 스프링과 가이드 모양은 실물이 아닌 이상 차이가 있을 수 밖에 없다. 리코일 스프링 뒤쪽에는 완충용 스프링이 추가되어있다.

하다. 3점사에서 발사되는 BB탄도 어느 한발도 뒤떨어지지 않고 일정한 탄속을 보여주기 때문에 탄도나 집탄성도 우수한 편이기 때문이다.

20cm전후의 짧은 인너 배럴이기 때문에 기존의 AR15 등 GBBR에 비하면 물론 전체 사거리나 집탄성은 어쩔 수 없이 약간은 떨어진다. 이건 구조적 태생의 한계라고 할까?

하지만 어차피 SMG의 역할은 근거리용이기 때문에 집탄성도 중요하지만 더욱 중요한 것은 성능에 대한 신

뢰도이며 VFC의 MP5A5 V2는 이 부분을 정확하게 잡아냈다. 참고로 탄창에 가스를 가득 채운뒤 사격을 실시하면 대략 3탄창 90발 정도 사격이 가능했다. 이것은 실내 약 15도 기온에서 테스트 한 것으로 여름철 이라면 발사 탄수는 더욱 늘어날 것으로 예상되며 생각한 것 보다는 상당히 효율성이 높은 것을 확인할 수 있었다.

물론 VFC MP5A5 V2에서도 아쉬운 점은 존재한다.

일단 비싸다. 국내 판매가격은 96만

원으로 최근에 인기를 끌었던 동시 VR-16 URG-I에 비해 27만원이 비싸며(무각인-노 라이센스의 이유 크지만) KAC 정식 라이센스 제품 SR-16시리즈 가격과 비슷하기 때에 쉽게 다가가기는 부담되는 것이 실이다. 해외에서도 WE사의 아프 A3(MP5A3)와 비교할 때 대략 1 달러 더 비싸다.

그리고 스톡의 단단함이 좀 부족한 낌이다. 스톡을 펼치고 상하로 실 움직여 보면 스톡을 잡아주는 백들

▼ 그립 모듈 안에 들어있는 트리거 그룹. 해머를 포함, 강도가 필요한 부품들이 스틸이 아닌 점이 다소 아쉽다. 하지만 기계식 3점사의 신뢰도가 높고 해머-밸브노커+노커락 등의 조합이 적절하게 배치되어 격발 트러블이 거의 없다.

▲기본분해도 실총처럼 간단하게 이뤄진다.

▶ 밸브 노커 부분. 사진은 해머가 때려서 노커가 앞으로 전진한 상태이며 노커 락을 눌러주면 다시 노커가 뒤로 후퇴한다.

트가 약간이기는 해도 유격이 생기
움직이는 것을 알 수 있다. 심각한
도는 아니지만 전체 완성도를 생각
면 가장 큰 아쉬운 부분 이었다.
리고 BB탄을 다 쏘면 볼트 스톱이
리는데(=노리쇠 후퇴고정) 이때
트의 위치가 어중간하다. 절반 정도
퇴해 걸쳐지기 때문이다. 물론 실물
탄창이 빈다고 자동으로 노리쇠가
퇴고정되지 않으니 그나마 나아진
이지만 말이다.
한 내부에서 BB탄의 더블 피딩이

발생하면서 BB탄 자체가 깨지는 현
상이 가끔 발생하는 것도 사격할 때
신경 쓰였던 기억으로 남는다.
그리고 앞서 언급한 대로 내부 트리거
그룹의 부품들 일부가 스틸이 아니라
좀 아쉬운 부분들이 있다. 마지막으로
비교적 저렴한 여분 부품에 비해 나오
는 부품 종류가 제한적인 편이라 이
부분도 아쉬움으로 남는다.
몇 가지 아쉬운 부분을 집어 보았지만
그래도 외관과 내부 신뢰도, 집탄성
등을 따져본다면 현재 나오는 WE제

품과 비교할 때 결코 떨어지지 않는다
고 생각된다. 특히 외관은 VFC의 강
력 우세, 발사성능도 이제는 백중세라
고 본다. 내부 신뢰도는 아직 많이 사
용하지 않아 섣불리 평가 내리기 힘들
지만 그래도 WE에 비해 최소한 떨어
지지는 않는다고 생각한다.
결론적으로 MP5 매니아라면 절대 거
르지 말고 한번쯤은 꼭 경험해 보라고
권해주고 싶다.

VFC
Mk.18 Mod.1

글/사진 : 김광민(smed70@gmail.com)
장비협찬 : 하비스튜디오(https://smartstore.naver.com/hobbystudio)

VFC가 대세 경쟁에 다시 뛰어들었다. 가장 인기 있는 AR15 시리즈로 거의 독보적인 인기를 끌고 있는 Mk.18 시리즈에 정식으로 도전장을 냈기 때문이다※.

물론 이전부터 VFC는 Mk.18시리즈를 전동건 등 기타 라인업으로 출시를 해왔지만 최근 몇 달 동안 GHK의

※2021년 1월 기준

Mk.18 Mod.1과 마루이 Mk.18 Mod.1이 GBBR을 출시하면서 인기 몰이를 하는 가운데 VFC도 SR16이나 VR16시리즈로 이미 검증받은 새로운 시스템으로 Mk.18 Mod.1을 당당하게 출시를 하면서 이른바 대세 경쟁에 뛰어 든 것이다.

아시는 분들은 아시겠지만 Mk.18시리즈는 그냥 M4카빈을 길이만 줄인

스타일의 Mk.18 Mod.0과 대니얼 펜스제 RIS2 레일을 장착한 Mk. Mod.1으로 나뉘며 그 중 Mod.1 2010년대의 미 특수전 부대의 상으로 강하게 자리잡으면서 AR시리인기의 최선두에 서 있다. 뿐만 이라 레일 면적을 극대화하고 핸드기를 아무때나 쉽게 떼었다 붙였다 하소모품이 아니라 거의 총몸의 일부

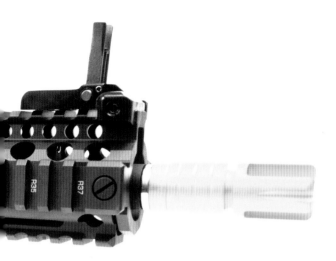

▲ 크레인 스톡은 실물과 마찬가지로 5단으로 펼칠 수 있다.

(왼쪽)박스를 오픈하면 비닐에 쌓여있는 본체와 탄창,
뉴얼+비비로더기가 들어있다. 참고로 비비로더기와 홉
을 조절할 수 있도록 전용 L렌치도 들어있다. 사진에서
제품의 비닐은 보기 쉽게 벗겨 놓은 것.
(오른쪽) 홉업을 조정하는 방법이다. 3mm육각렌치로 가
튜브쪽으로 집어넣어 좌우로 돌려 조절해 준다.

단단하게 체결하는 개념도 AR에 는 이 총이 선구적으로 적용한 사례 고 할 수 있다.

실 VFC가 이번에 출시한 Mk.18 od.1은 앞서 소개한 VFC의 VR16 RG-I와 동일한 시리즈라고 볼 수 다. VFC Mk.18 Mod.1의 박스를 펴보면 그 어디에도 Mk.18이라는 칭이 적혀있지 않고 VR16 CQBⅡ 라고 적혀있다. 즉 VR16 시리즈중 RIS2를 장착한 제품이라는 의미로 출 시한 것인데 이것은 사실 VFC의 콜 트사 라이센스를 피해가기 위한 방편 의 일환이라고 보면 된다.

전작 URG-I 시리즈가 기본은 무각인 으로 출시한 것처럼, 이번 Mk.18도 무각인으로 출시했으며 각인을 원하 는 소비자는 구입하기 전에 구입처에 각인을 요청하면 추가비용을 내고 각 인버전으로 변환시킬 수 있는 것이다. 실총이 유통되지 않는 한국에서 실총 회사의 상품권 주장이 통하지 않는다 는 맹점(?)을 파고든 것이랄까?

그렇기 때문에 Mk.18도 어떻게 보면 국내 소비자들에게는 좀 더 선택의 폭 이 넓어졌다.

수입총판측에서 기본 무각인 버전 이

가스블로우백
GAS BLOW BACK

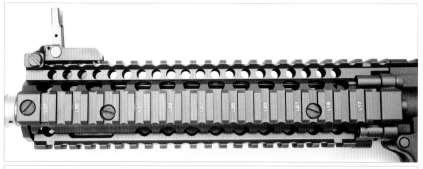

▼ 리어사이트(가늠자) 는 마이크로 플립
업 타입이 세팅. 실물과 동일한 형상이다
600야드(550m) 사양 제품. 프론트 사이
트(가늠쇠) 형상도 실물과 동일재현. 플립
업 타입이다.

▲ (위) 레일 고정 사이드 볼트들의 위치도 상당히 정확하게 잡았다. 대니얼 디
펜스 특유의 샤프한 분위기를 잘 살린 것 같다.
(아래) 대니얼 디펜스사의 각인이 정확하게 재현된 RIS2는 GHK것 보다는 좀
더 어둡고 마루이것 보다는 좀 더 밝은 중간 정도의 색감이라고 보면 될 듯.

외에도 콜트사의 M4A1각인, 그리고
대니얼 디펜스사의 각인 등 둘 중 하
나를 선택할 수 있기 때문이다.

이번에 소개하는 샘플장비도 무각인
버전을 가지고 대니얼 디펜스사의 각
인을 재현한 제품이다.

일단 외관은 역시 VFC답게 깔끔하고
상당히 정확하게 재현했다.

특히 Mk.18 Mod.1 특유의 대니얼

디펜스 RIS2 레일시스템의 재현력과
색감은 상당히 우수했다. 레일 시스템
에는 대니얼 디펜스 라이센스를 얻었
는지 기본 무각인버전도 대니얼 디펜
스 각인이 정확하게 재현됐다.

사실 이 제품외 본체 및 내부는 전에
소개한 VR16 URG-I와 아주 정확하
게 일치한다.

홉업조절은 별도로 분해가 필요 없이

바로 3mm렌치로 직접 조절 가능
가이드 홉업을 채택했다. 사실 이점
홉업조절을 하려면 RIS2 레일을 직
분해해야 하는 불편하기로 소문
GHK사의 Mk.18, 그리고 상하부
체를 분해해서 홉업조절해야 하는
루이 Mk.18보다는 훨씬 편하고
장점이라고 할 수 있다.

인너배럴과 홉업을 통한 집탄성의

▲ (왼쪽) 특유의 각도로 세팅된 신형 스틸 해머. 밸브 노커 락이 없어진 덕분에 작동 트러블이 거의 없어졌다.
(오른쪽) 본문에도 잠깐 언급했는데 신품을 이 상태에서 셀렉터를 자동으로 놓고 격발하게 되면 해머와 셀렉터 시어간의 간섭이 발생해 간간이 작동불능이 되기도 한다. 어느 정도 사용하게 되면 길들여져서 원활하게 작동된다.

▼ 버퍼와 버퍼스프링은 SR16이나 URG-I와 동일한 것을 채택했다. 알루미늄 합금+스틸 웨이트 구성의 버퍼이기 때문에 중량감이 무시할 수 없다.

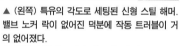

▼ (위) 실총과 마찬가지로 이것도 본체는 M4A1을 차용한 제품인지라 동일한 구성을 갖고 있으며 각인만 대니얼 디펜스의 것으로 재현했다. 노리쇠멈치는 스틸 재질이다.
(아래) 스틸재질의 먼지덮개가 열리면 심플한 알루미늄 볼트캐리어가 보인다. URG-1과 동일한 신형 볼트캐리어를 채택했다.

- 과거 플래툰에 기획기사로 소개한 루이 MWS와 GHK사 MK18과 FC SR16을 비교해 보면 어느정도 접 비교를 할 수 있다.
FC의 Mk.18은 같은회사 SR16과 교할 때 볼트캐리어 재질만 다르고 머지는 동일한 시스템을 채택했기 문에 집탄성의 경우 마루이 MWS 다 약간 떨어지고 GHK사 Mk.18

보다는 좀 더 우수했던 전력을 보면 어느 정도는 성능을 가늠할 수 있을 것이다.
외관은 앞서 언급한 대로 상당히 깔끔하게 잘 만들었다는 느낌을 받는다.
Mk.18 특유의 대니얼 디펜스 RIS를 다른 회사 제품들과 비교할 때 색상의 차이, 그리고 약간의 무게 차이가 나지만 원칙적으로는 거의 동일한 스펙

을 갖고 있고 그것을 잘 표현했다고 본다.
VFC의 RIS2를 장착한 상부리시버(볼트캐리어+장전손잡이를 제거한)의 무게를 GHK사와 비교해 본다면 GHK Mk.18의 경우 1,124g 이었지만 VFC Mk.18의 경우 30g이 가벼운 1,094g 이었다.
내부는 VR16 URG-I와 완전히 동일

▲ URG-I부터 새롭게 선보인 신형 알루미늄 볼트캐리어. 형상은 상당히 리얼하게 재현했다.

▲ URG-I부터 새롭게 선보인 신형 알루미늄 볼트캐리어. 형상은 상당히 리얼하게 재현했다.

◀ (왼쪽) 버퍼 중량은 92g으로 GHK사 제품보다 3~4g 더 무겁다.
(오른쪽) 볼트캐리어 무게는 206g.

▶ VFC사 GBBR중 일부는 이렇게 노즐 내부 밸브의 간격으로 가스 토출량을 조절하는 NPAS가 달려 있다. 정상작동을 위해서는 적절하게 조절해주는 것이 필수다. 조절을 위해서는 1.5mm렌치 사용.

▼ VFC 특유의 파란색 홉업 고무. 성능은 그럭저럭. 가끔 홉업이 안 걸리는 경우엔 탄이 흐리는 현상이 생긴다. 분해할 여력이 있다면 시중에서 판매하는 좀 더 안정적인 홉업 고무를 교환해 주면 성능이 올라간다.

◀ VFC가 사용자들로부터 가장 많은 원망을 받는 부분 중 하나가 바로 원초적인 내구성이다. 레일을 바꾸거나 다른 부품을 바꾸다가 리시버 자체가 깨지는 경우도 간간이 발생하기 때문이다. 아무래도 앞으로 VFC가 극복해야할 가장 우선순위라고 생각된다.

하다.

밸브 노커 락이 생략된 신형 스틸 해머를 채택해 내부 파손위험을 줄인 것과 외부 가스루트를 통해 홉업을 조절하는 이른바 '가이드 홉업'을 장착했다. 버퍼나 버퍼스프링도 URG-I와 완전히 동일한 것을 세팅, 알루미늄-스틸웨이트 버퍼(92g)를 장착했다. 탄창도 동일한 신형 탄창을 채택했다.

이 때문에 같은 시리즈 제품과 동일하게 발사 및 작동성능은 매우 안정적이며 블로백 반동도 좋은 편이다.

날씨가 추운 환경에서도 1탄창 정도는 안정적으로 작동시킬 수 있었으며 버퍼스프링의 텐션을 좀 더 약한 것으로 바꿔주면 반동은 좀 줄어들을 수 있겠지만 낮은 기온에서 더욱 안정적으로 사용이 가능했다.

발사하면서 한 가지 약간의 지적사항이 발견됐다.

아마 동일 시스템의 SR16에서도 언급했던 사항인데 신품을 꺼내 자동으로 놓고 사격할 경우 간간이 신형볼트의 끝 부분과 셀렉터 시어가 간섭이 발생해 격발이 안되는 경우가 발생한다는 점이다. 앞서 소개한 URG-I이 문제의 사례가 몇 차례 발생했

◀ 신형 탄창을 채택. 앞서 다른
제품들처럼 이른바 가스 연비가
상당히 좋다.

▶ 기본분해. 기존 VFC GBB제
품들과 마찬가지로 실물과 큰 차
이 없는 순서로 기본분해가 가능
하다. AR에 익숙한 분들은 쉽게
적응이 가능할 듯.

문에 다시 언급할 필요가 있다고 느
낀다.
론 GBBR에 능숙한 베테랑들이라
내부 구조를 보면 시어 끝단을 살
라운딩 처리 해주면 되고, 그것도
찮으면 반자동으로 여러 차례 사격
면 적당히 시어 끝단이 마모가 되면
자동사격 불능의 트러블이 사라지
되니 큰 문제는 아니다. 하지만

GBBR에 익숙하지 않은 초보자들에
게 이 문제가 일어나면 아무래도 당혹
해 하기 마련이다.
향후 VFC가 신경을 써서 어느 정도
개선해 줄 여지가 있다고 본다. 이것
은 Mk.18만의 문제가 아닌 신형 햄
머를 채택한 AR15계열이 공통적으로
겪는 트러블이기 때문이다.
레일시스템의 차이로 앞서 착한 가격

으로 출시한 URG-I보다는 다소 비싼
가격으로 책정된 MK18이지만 그래
도 실물이 가장 인기를 얻고 있는 제
품인지라 많은 AR15 매니아들의 인
기를 끌 것으로 예상된다.

가스블로우백
GAS BLOW BACK

개인적으로 모델건에서 가장 중요시하는 것은 '손맛'이다. 흔히들 GBB의 반동충격을 손맛이라고 하지만, 여기서 말하는 손맛은 그게 아니라 글자 그대로 그것을 손에 딱 쥐었을 때 전해지는 원초적인 느낌이다.

실총의 묵직하면서도 단단하고 야무진 느낌은 모델건의 그것과는 확연히 다르고, 아무리 외형을 정확히 재현한 모형도 오감을 통해 전해지는 그 느낌까지 살려낸 경우는 본 적이 없다. 그런데 바로 그런 제품이 나왔다.

NorthEast의 우지는 지금까지 보아온 모든 종류의 모델건을 통틀어 가장 실물의 손맛까지 정확히 재현해 낸 수작이다.

NORTHEAST
사진: 김 지 헌
글: 이 대 영
MP2A1(UZI) GBB

▲ 1970~80년대 사이의 서독군. 한 명이 우지를 들고 있다. G3가 여전히 길고 반동이 세다 보니 2차 대전 때와 마찬가지로 지휘관/부사관급 인원들이 MP40의 뒤를 이어 우지라는 SMG를 운용해야 했다.

철판 프레스제 리시버의 강도를 이기 위해 좌우에 돌출시킨 리브 인해 우지 특유의 단단한 강골 미지가 더 살아난다.

고보면 꽤 셀럽

기 어렵겠지만 우지도 한때 '최첨단' 달리는 스타였다.

총이 처음 전장에 등장한 것은 의외 오래전인 1956년의 제2차 중동전이 간, 대중적 인기를 얻기 시작한 것은 로부터 거의 20년이나 지난 1970년 라고 할 수 있다.

무렵 전 세계적으로 보급된 TV를 통

해 베트남전의 미군 특수부대들과 중동 전, 로디지아 내전 등, 우지가 활약한 모든 전쟁의 생생한 이미지가 실시간으로 안방까지 전해지면서 이 단단한 강골의 이미지를 가진 기관단총이 총기 팬들의 주목을 끌었고, 헐리우드 영화가 거기에다 기름을 부었다.

그 무렵 히트한 대부분의 액션영화에서 주인공의 손에는 으레 잉그램 M10/11

이 아니면 우지가 들려있었고, 영화는 아니지만 레이건 미국 대통령 저격사건 현장에서 경호원이 민첩하게 우지를 꺼내들고 개머리판을 펼쳐 자세를 잡는 장면이 전 세계에 송출되면서 최고의 프로들이 사용하는 첨단 총기라는 이미지가 더욱 강해졌다.

그 때문인지 공식적으로 이 총과 별로 인연이 없어 보이는 우리나라까지 70년

가스블로우백
GAS BLOW BACK

▶ 박스는 단순하지만 임팩트 있는 디자인. 서독군 버전을 고른 이유가 바로 이 철십자 마크 때문이 아닐까 하는 생각마저 든다.

▶ 이처럼 장전손잡이가 후퇴 고정된 상태에서는 방아쇠가 격발되지 않는다. 장전손잡이를 다시 앞으로 밀어 전진시켜야 비로소 격발준비가 된다.

대에 상당량의 우지를 수입하여 대통령 경호실에 파견된 특전사 병력을 무장시키기도 했다.

이런 배경은 당연히 80년대부터 빠르게 성장하고 있던 일본의 모델건 시장에도 영향을 미쳐 LS, 마루신, 마루이 등등…. 좀 오래된 에어소프트건 메이커치고 우지를 한번이라도 제품화하지 않은 곳이 거의 없다.

필자가 직접 경험해본 것만 꼽아보더라도 100% 플라스틱으로 만들어진 LS의 조립식 키트, 마루이의 괴랄한 펌프액션 에어코킹, 마루신의 화약 카트리지식 모델건, 설계결함으로 제대로 작동할 때가 거의 없던 마루신의 탄식 가스블로우백, 두번이나 업그레이드판이 나왔던 JAC의 BV식 가스건, 루신과 마루이의 전동건 등등…. 기10여종에 달한다.

그리고 당연한 얘기지만, 이처럼 많은 우지 중에서도 정말 만족할 만한 제은 하나도 없었다.

우지의 외피는 크게 나누면 리시버, 리시버, 트리거 그룹의 세 부분으로 구성된다. 그런데 이 많은 제품들이

▶ 가늠자는 100m와 200m의 두 거리를 선택할 수 있다. 가늠자로 영점 조절이 안되고 거리 조절만 되며 실제 상하좌우 영점은 모두 가늠쇠로 조절하는 점은 볼트액션 시대의 탄젠트식 가늠자와 일맥상통한다.

ㄴ자 형태의 독특한 가늠쇠는 상하조절과 ～게 좌우편차까지 어느 정도 조절할 수 있 ～ 탄착의 이동 거리를 정확히 계량하는 것 ～불가능하고, 그냥 탄착을 보면서 직관적 ～로 조금씩 조절하면 된다. (망치로 두들겨 ～여 조절하는 AK의 가늠쇠에 비하면…) ～점을 잡은 후에 홈이 새겨진 링을 시계방 ～으로 돌리면 단단히 고정된다.

약속이나 한 듯 그중 한 부분 이상이 ～시 플라스틱으로 만들어졌다.
～론 이것은 물론 총 전체를 금속재질 ～ 만들 수 없다는 일본 특유의 규제 때 ～이라지만 '싸늘한 금속의 촉감'을 가 ～ 중요시하는 개인적인 기호에 비추어 ～럼 금속과 플라스틱이 뒤섞인 싸구 ～티가 역력한 장난감들이 만족스러울 ～ 없었다.
～신의 화약 발화식 모델건처럼 상당 ～이 알루미늄 다이캐스팅의 금속제 ～경우에도 철판을 프레스로 찍어만든

우지 특유의 느낌을 살리는 데는 한계가 있고, 이것이 개인적으로 거의 40년 세월동안 제대로 만든 우지를 애타게 기다려온 이유다.
그리고. 마침내.
'그것이 정말로 이루어졌다'※

외관
일단 눈에 보이는 외부의 부품들은 단 하나의 예외도 없이 전부 금속, 그것도 스틸이다.
알루미늄이나 아연같은 경금속이 사용된 것은 볼트와 밸브노커, 홉업챔버등

실총에는 없는 BB탄 발사기능과 관련된 극히 일부부품에 한정되며, 그 숫자는 불과 4~5개 정도.
그걸 제외한 모든 부품은 총구부터 스톡까지 자석이 쩍쩍 달라붙는 스틸로서, 그 철제부품들을 결합한 방식은 실물과 똑같은 용접이다.
사실 에어건 제조에 있어서 여러 개의 부품을 결합하는 가장 값싸고 손쉬운 방법은 볼트체결이고, 그래서 거의 모든 에어건의 분해과정은 곧 '나사풀기'와 동의어다.
에어건이 실총보다 부품숫자가 대폭 늘

59

가스블로우백
GAS BLOW BACK

◀ 오픈볼트/ 직접 블로우백 방식의 SMG는 이처럼 볼트가 열린 상태가 장전/발사준비 상태다. M4같은 AR계열에 익숙한 사람에게는 좀 익숙하지 않은 부분.

▼ 손잡이 뒤의 그립 세이프티. 여기 눌리지 않으면 장전손잡이가 후퇴하 않는다. 물론 방아쇠도 당겨지지 않 오발 가능성이 높은 오픈볼트 방식 는 확실한 오발 방지 장치다.

어나는 이유도 실총에는 없는 크고 작은 나사가 한줌이나 사용되기 때문이지만, 사실은 이처럼 나사가 많아서 좋은 점은 하나도 없다.

모든 GBB는 볼트나 슬라이드가 왕복하면서 상당한 충격이 발생하고, 그 진동으로 각부의 나사가 느슨하게 풀리는 것으로부터 모든 트러블이 시작되는 경우가 많기 때문이다.

하지만 모든 철제부품의 결합이 실물처럼 용접으로 이루어진 우지에는 진동으로 풀려 나올 나사 따위가 전혀 없다.

다른 많은 에어건들과는 달리 손에 쥐었을 때 덜거덕대고 삐걱거림이 전혀 없고, 마치 실물과 같은 야무진 느낌이 드는 것은 본체가 이처럼 실물과 똑같은 용접구조로 만들어졌기 때문이다.

그렇기 때문에 이 제품의 외부에 드러난 모든 용접자국들은 실물처럼 보이기 위해 일부러 만들어준 모형적 효과가 아니라 실물과 똑같은 생산공법에서 생겨난 진짜 용접자국이란 뜻이고, 그러다 보니 6mm BB탄이 아니라 실물 9×19mm 루거탄을 발사해도 끄덕없을 것처럼 단단해 보인다.

각인과 표면처리

각인은 우지의 본고장 이스라엘군 ㄷ으로 많은 양을 사용했을 뿐 아니 MP2라는 제식명칭까지 부여하여 ㅈ편제장비로 채택했던 구 서독군의 ㅅ을 재현하고 있다(편집부 주: 이게 ㅅ이 일종의 배상 차원에서 이스라엘ㅈ채택한 것이다. 참고로 MP2A1은 ㅈ식 개머리판 버전으로, 목제 개머ㄹ버전이 MP2. MP2/MP2A1은 195부터 2007년까지 운용됐고 2007ㄴ터 MP7A1으로 교체된다).

실총에는 원판인 히브리어 각인으

리시버 커버를 벗기면 리시버 철판의 두께가 역력히 드러난다. 지금까지 그 어떤 철판 프레스제 에어건도 이만큼 두터운 철판을 사용한 적이 없다.

개머리는 2단으로 접히는 특이한 구조. 구조적 한계로 덜걱거림이 전혀 없을 수는 없지만, 그래도 타사의 전작 우지들에 비하면 매우 단단하고 흔들림이 적은 편이다.

◀ 아래에는 착검장치가 있다. 우지에는 전용 대검까지 있다. SMG에 무슨 대검이냐 하겠지만 의외로 3차 중동전 당시 예루살렘 시가전에서 착검한 우지가 제법 쓸만했다고.

▶ 사소하지만 실로 감동적인 부분. 가늠자와 가늠쇠울은 리시버의 철판이 그대로 연장된 것이고, 내부에 ㄷ자의 인서트를 끼워넣고 전기 스폿용접으로 결합한 실물의 구조가 정확히 재현된 것은 이것이 처음이다. 종래의 플라스틱 사출이나 알루미늄 다이캐스팅으로는 도저히 묘사할 수 없었던 궁극의 디테일. 총열이 장착되는 원통꼴의 총열 브라켓을 리시버에 결합한 방식도 투박한 용접. 총열을 제 위치에 단단히 잡아주는 동시에 전진하는 볼트의 충격이 모두 여기에 걸리지만, 같은 방식으로 만들어진 실총이 9mm 실탄의 발사압력도 다 받아 낸다는걸 생각하면…

수출용 영어 각인 (ARS) 등, 수많은 [형]이 존재하므로, NorthEast의 전작 STEN의 전례에서 보듯 앞으로 이 '각인놀이'를 통해 바리에이션을 늘갈 것으로 예상된다(편집부 주: 어[ㄴ] 서독군 각인을 채택한 이유는 살[이] '저작권' 때문이 아닐까? 우지를 [한] 많은 이스라엘제 총기의 명칭도 [상]표이니 그걸 피하느라 서독군 각[을] 채택했을 수도 있다).

[표]처리는 파커라이징으로, 이 무광택 회색빛 표면처리는 오직 진짜 스틸[만] 가능한 검푸른 금속광택의 블루잉

효과를 기대했던 사람이라면 다소 실망스러울 수도 있겠다.

하지만 비단 총기만이 아니라 철로 만들어진 많은 군용물자들의 표면처리에 흔히 적용되는 이 파커라이징은 잘 벗겨지지 않고 녹스는 것을 막는 방청효과가 높다는 장점도 있다.

정히 금속광택을 원한다면 스틸울 (고운 철 수세미)로 각진 모서리와 돌출부를 가볍게 문질러주면 흡사 오래 사용한 총기와 같은 자연스런 웨더링 효과를 얻을 수 있다.

실사성능

파워가 0.02J로 제한된 국내 법규상 이 제품의 정확한 파워나 명중률을 직접시험해 볼 방법은 없다.

다만 제조사의 공식자료와 외국 사용자들의 시험 데이터를 종합해보면 순정상태에서 0.2g 탄을 기준으로 대략 400 FPS 전후의 파워가 나온다고 하니, 다른 대만제 GBBR 제품들과 거의 비슷한 수준이다.

명중률 역시 양호한 편으로, 순정상태의 파워로 10m거리에서 직경 10cm 이내의 탄착군이 형성된다고 한다.

가스블로우백
GAS BLOW BACK

▲▶ 배럴 너트를 풀면 아웃바렐과 인너바렐, 홉업챔버와 조절 다이얼까지 한 덩어리로 빠져 나온다. 홉업 다이얼의 조절은 탄피 배출구를 통해 할 수도 있지만 이처럼 총열전체를 통째로 빼내서 하는 편이 더 편리할 것 같다. 조절이 끝나면 사진처럼 적정위치를 표시해두면 좋다. 사거리와 명중률에 가장 직접적인 영향을 미치는 인너배럴은 250mm로 M4의 CQB배럴과 같은 길이다. 작은 크기에 비해 총열이 결코 짧지 않은 것은 실총처럼 챔버와 바렐을 완전히 감싸는 ㄷ자 형태의 볼트구조 때문이다.

▶ 볼트(노리쇠)는 알루미늄, 로딩 노즐은 플라스틱이다. 가스의 기화열에 의한 냉각현상을 완화하고 노즐의 탄 밀대가 BB탄을 더 부드럽게 챔버로 밀어넣는 데는 금속보다 플라스틱이 더 효과적이기 때문이다. 볼트가 무른 알루미늄 재질이라 스틸제의 시어와 마주치는 부분에는 초경질 탄소강의 보강재(화살표)가 덧대어져 있고, 그 결합방식이 스프링 핀이어서 설계자의 세심함을 다시한번 실감한다. 이런 걸 볼트(나사)로 박아놓으면 100% 진동에 의해 풀려나간다.

▲ 리턴 스프링의 가이드레일과 반동충격을 흡수하는 우레탄 고무버퍼. 사실은 이 정도의 충격완화 장치가 필요할 만큼 반동이 강하지 않아서 더 무거운 커스텀 스틸 볼트가 나온다면 그때는 요긴할 것 같다.

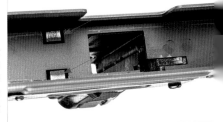

▶ 오픈볼트 방식이라 내부 구조는 지극히 단순하다. 휑히 뚫린 리시버 내부에서 보이는 것은 노리쇠를 후퇴한 상태로 붙잡아주는 두 개의 시어(화살표) 정도에 불과할 만큼 단순하다. 방아쇠를 당기면 이 두 시어가 내려가 노리쇠를 전진시킨다.

작동 이상도 최소한 아직까지는 발견된 것이 없다.

"일단 급탄 트러블만 없어도 무조건 좋은 GBB" 라는 말이 있다.

BB탄이 로딩노즐에 밀려 챔버 안으로 이송되는 피딩(Feeding) 과정에서 발생하는 더블피딩이나 송탄불량, 그로인해 으깨진 BB탄이 총 내부 어딘가에 들어박혀 말썽을 일으키는 소위 '맷돌현상'은 많은 GBB에서 흔히 발생하는 문제지만, 일단 이 제품은 그런 현상이 전혀 없는 듯하다.

32발 탄창5개, 약 160발을 단발/연발로 전환해가며 사격해도 송탄불량이나 더블피딩으로 인한 트러블은 한번도 없이 깨끗하게 탄창을 비워 내었다.

조준장치는 50년대에 설계된 한계로 인해 정말 기상천외한 마개조를 하지 않는 한 요즘 유행하는 광학 조준장치를 부착할 방법이 없다.

결국 가늠자와 가늠쇠에 의존할 수밖에 없는데, 다행스럽게도 이것들 역시 실물과 똑같은 방식으로 미세조정이 가능하다. 100m와 200m로 선택이 가능한 가늠자는 구멍의 크기밖에 다른 게 없지만, 앞쪽의 가늠쇠는 상하조절과 좌우조절이 모두 가능하도록 만어진 좀 특이한 구조다.

이것의 조절방법에 관해서는 제품 뉴얼에도 별다른 설명이 없지만, 조만 경험있는 사용자라면 거의 직으로 그 구조를 이해할 수 있고, 영을 잡은 후에는 진동이나 접촉으로 늠쇠가 움직이지 않도록 단단히 고할 수 있는 실물의 구조를 정확히 자하고 있다.

다만 GBB의 가장 중요한 조건(?)고 할 수 있는 반동충격은 그다지 스럽지 않다.

▲◀ 리얼한 철제 외피를 가진 탄창은 32연발이라지만 최대 34발까지 들어간다. 하지만 스프링의 손상을 피해 30발 이내로 삽탄하는 게 좋고, 메이커는 파워가스를 7초간 충전할 것을 권장한다. 흔히 가스를 많이 넣을수록 좋은 걸로 착각하지만, 액체 가스가 많이 들어갈수록 탄창내부의 기화공간이 적어지므로 오히려 파워가 떨어진다. 탄창의 BB립은 조금만 설계가 잘못되면 송탄불량을 일으키는 중요한 부품이다. 하지만 여기서는 아무런 문제나 보강의 필요성을 발견하지 못했다. ㄷ자꼴 플라스틱 돌기는 앞으로 밀면 BB탄 없이 공격발 (Dry fire)을 할 수 있고 뒤로 밀면 탄이 떨어지면 볼트가 전진한 채로 멈추는 기능이다. 단, 이런 모드의 전환은 반드시 탄이 들어있거나 탄 밀대를 눌러준 상태에서 해야만 전환돌기가 움직인다.

▲◀ 리시버와 트리거그룹은 단 한개의 강철 핀으로 연결된다. 펀치를 대고 망치로 두드려야 빠질만큼 단단하게 박힌 핀이니 주의.

◀ 트리거그룹을 제거하면 유일하게 실물과 다른부분, 가스밸브 노커가 보인다. 해머가 따로 없으니 볼트가 왕복하면서 이 노커를 직접 밀어서 왕복시키는 구조다.

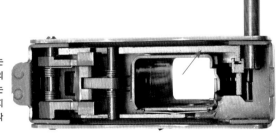

▶ 트리거그룹 내부. 화살표의 막대는 그립 세이프티와 연동되어 격발기구의 (시어) 작동을 제어한다. 사진에서는 시어가 아래로 내려가지 못하게 막지만 그립 세이프티가 눌리면 시어의 작동을 방해하지 않는다.

루미늄 소재의 210g에 불과한 가벼볼트와 그 수준에 맞는 약한 리턴스링의 조합이 만들어낸 결과인데, 이인한 또 하나의 부작용은 연사속도지나치게 빠르다는 것이다.
가벼운 볼트와 약한 스프링으로 인볼트가 너무 가볍고 빠르게 왕복한ㄴ 것인데, 이것은 다소 약하더라도실한 작동에 초점을 맞춘 설계의도반영된 결과로 보인다.
과정에서 혹시 발생할 수도 있는체차이 – 소위 '뽑기' 운으로 작동불사례가 나타나는 것을 피하기 위해

메이커는 이처럼 안전한 길을 택할 수밖에 없었을 것이다.
하지만 400 FPS의 충분한 가스압력을 고려한다면 더 무거운 볼트와 강한 리턴스프링을 사용하여 강한 반동을 구현하면서 연사속도도 실총처럼 적당한 수준으로 낮출 수 있는 여지는 충분하고, 그래서 어디에선가 조만간 묵직한 스틸제의 커스텀 볼트를 출시할 가능성도 충분히 점쳐 볼만하다.

제원(NE MP2A1)
길이: 470~640mm
무게(탄창 제외): 3.16kg
탄창: 32연발
인너배럴 길이:250mm
사용탄: 6mm BB
발사속도: 500~600발/분

가스블로우백
GAS BLOW BACK

글: 이대영
사진: 현효제

▲ T자형으로 불리는 초기의 스텐 Mk.II 개머리판(No.2스톡). 정말 파이프에 철판 용접한 물건에 불과하다. 실제 생산량에 관계없이 이 형태가 진짜 스텐처럼 느껴진다는 사람이 많다.

NORTHEAST
STEN Mk.II
대만에서 날아온 2차 세계대전의 영국총

대만의 Northeast는 잘 알려진 회사가 아니다. 원래 소음기나 착탈식 멜빵 고리 같은 소소한 액서서리를 만들던 작은 메이커 이지만, 그런 활동조차 얼마 되지 않아서 그 이름을 기억하는 사람이 거의 없을 정도. 그런 무명 메이커가 갑자기 덜컥 '사고'를 쳤다. 사고라고 할 법도 하다. 이전에 완성품 총을 한 번도 만들어 본 경험이 없는 이 회사가 요즘 인기 높은 글록같은 현용물도 아니고, 좀 엉뚱해 보일만큼 의외의 아이템이라고 할 수 있는 2차대전의 클래식 스텐 Mk.II 기관단총을, 그것도 GBB로 내놓았기 때문이다.

사실 메이커측에서 이 제품의 발매를 예고하고 주문예약을 받기 시작한 것은 거의 반년이 넘었지만, 이제야[※] 차분 초도생산 물량이 간신히 예약들에게 발송되었다. 그리고 업체 밝힌, 몇 번에 걸친 납품지연의 사는 바로 "너무 구식이기 때문".

아닌게 아니라 웬만큼 형태가 복잡도 대부분 CNC 시스템을 통해 기되는 요즘 총기들과는 달리, 실물 스텐은 그 단순하게 생겨먹은 형태

※2019년 1월 기준

NORTHEAST
SHEPHERD TURPIN ENFIELD MKII
■ CARBINE MACHINE

Ⓣ T STOCK · SKELETON STOCK

▼▲ 요즘 유행대로 언박싱. 정말 실총도 이렇게 포장했을 것 같은(물론 아니지만) 느낌의 투박한 골판지 박스. 정말 뭐 없다. 참고로 상자에 적혀있는 SHEPHERD, TURPIN, ENFIELD 는 이 총을 설계한 두 사람(레지널드 쉐퍼드, 해롤드 터핀)의 이름에 개발한 곳(엔필드 조병창) 을 나타내는 것. 이것들의 머릿글자를 모은 것이 바로 우리가 아는 스텐(STEN)이다.

불구하고 생산공정 대부분이 하나나 사람 손으로 이루어지던 시대의 건(편집자 주: 이런 모양은 CNC같은 공정으로 재현할 수도 없다!)이고 물의 이런 특성은 구조적으로 모형도 고스란히 이어질 수 밖에 없다. 제로 실총과 마찬가지로 대부분의 품이 철판과 파이프등으로 만들어지만 그 결합방식은 한결같이 투박

한 용접으로, 공업기술에 별로 상식이 없는 사람이 보기에도 이건 한눈에 '수제품'이라는 느낌이 꽉 온다. 전 세계에서 에어건을 가장 많이 생산하는 마루이, KWA 같은 메이저 업체들의 제품 중에서 진짜로 철판을 용접해서 만든 물건을 단 한 자루라도 본 적이 있었던가?

오픈볼트의 감동, 그리고 반동
GBB의 실사성능을 평가하면서 탄도나 집탄성 따위를 철저하게 따지는 사람은 지나치게 까다로운 사람임에 틀림없다. 더구나 인너배럴이 한참 짧은 기관단총의 경우라면 더욱 그렇다. 누구 말처럼 GBB는 실사성능으로 쓰는 물건이 아니라 감성으로 쓰는 물건이고, 그 감성의 실체는 바로

65

◀ 장전손잡이는 초기생산형(1942년 생산분)의 디자인을 재현. 뒤쪽 홈에 걸어서 일종의 원시적인 안전장치 구실을 하게 하는 것도 실물 그대로다(재현하는데 뭐 힘이 드는 것도 아니고…).

◀▼ 스텐의 조정간. R쪽에서 누르면 반자동, A쪽에서 누르면 자동. 자동에서는 트리핑 레버(화살표)가 왼쪽으로 밀려 시어와 간섭하지 않으나 반자동에서는 레버가 가운데로 오면서 시어에 간섭해 방아쇠를 누른 상태에서도 후퇴한 노리쇠를 시어가 붙잡아 반자동 사격이 이뤄진다.

GBB 특유의 반동이 아닐까?

스텐의 반동은… 그야말로 훌륭하다. 실물처럼 후퇴한 채로 대기하고 있던 묵직한 볼트(노리쇠)가 방아쇠를 당기는 순간 빠른 속도로 철컥하고 앞으로 전진하면서 초탄이 발사되는 그 느낌은 그동안 보아오던 클로즈드 볼트 방식의 다른 수많은 GBB들과는 또 전혀 다른 느낌이다.

자동으로 놓고 연사를 당겼을 때에도 어깨를 강하게 두드리는 반동도 가히 감동적이다.

좀 실망스런 탄창

사실 이 제품의 출시 전부터 가장 관심을 가지고 기대했던 부분은 바로 탄창이다.

대부분(이랄까 거의 모든)의 GBB용 탄창은 총에 장착되면 똑바로 선태가 된다. 이 상태에서 액체 상태 가스는 중력에 의해 아래쪽에 고이고, 윗쪽의 빈 공간에 저절로 넉넉 기화 공간이 형성된다.

하지만 수평으로 드러누운 스텐같 탄창은 -기존 총기 그대로의 상식 로는- 이 상태로 가스밸브가 열라 기화가 덜된 소위 '생 가스'가 분출

▲ (위) 스텐도 GBB의 기본 격발구조와 큰 차이 없는 구조다. 노커(흰 화살표)가 방출밸브를 누르면 되는 것. 다만 보통 노커 뒤쪽(노란 화살표)을 다른 총들은 해머가 때리지만 스텐은 노리쇠 자체가 전진하면서 때리는 정도의 차이는 있다.
(아래) 탄창 삽입구는 옆에 있고 탄창 멈치는 위에 있다. 이 부분의 재현도 역시 매우 높다.

▶ 스텐의 가늠자와 가늠쇠도 실물을 정교하게 재현… 했다고나 할까, 애당초 정교와는 거리가 먼 물건이다. 그야말로 영점이고 뭐고 없이 대충의 방향만 잡는 물건. 참고로 실총의 영점은 가늠쇠를 움직이거나 교체해 공장에서 잡지만, 일단 잡은 다음에는 용접해 고정하므로 사용자에 따른 편차도 못 보정한다! 약간의 오차는 각오하라는 이야기.

기화불량이 일어나기 쉽고, 게다 총을 살짝 오른쪽으로 기울이기라 하면 액화가스가 바로 토출구로 아져 나올 것이다. 자칫하면 다른 3B를 거꾸로 들고 쏘는 상태와 똑아 지는 것이다.
래서 이 GBB 역사상 최초의 측면 입식 탄창내부에는 이 문제를 해결 는 획기적이고 새로운 구조가 탑재

되지 않을까 기대했고, 신생 메이커 인 Northeast가 이 문제를 어떻게 해결했을지 무척 궁금했다.
그런데… 그닥 새로운 것은 없다. 아무리 봐도 탄창등의 작동부분에 지금까지는 존재하지 않았던 별다른 장치나 새로운 구조는 없고, 다른 대부분의 탄창들과 똑같이 꽁무니의 가스 주입구와 앞쪽의 방출밸브, 그리고

가스 탱크가 있다.
물론 고민을 아주 안한 것은 아닌 듯, 방출 밸브가 있는 부분은 일종의 모듈화가 되어있고 여기를 나름 액화가스의 저장공간과는 분리된 별도의 기화 공간으로 구분한 것처럼 보이니 WA(웨스턴 암스)의 NLS(Non-Liquid System)을 참고한 것 같기는 한데, 아무리 총을 뒤집어 쏴도 정상

가스블로우백
GAS BLOW BACK

가스블로우백
GAS BLOW BACK

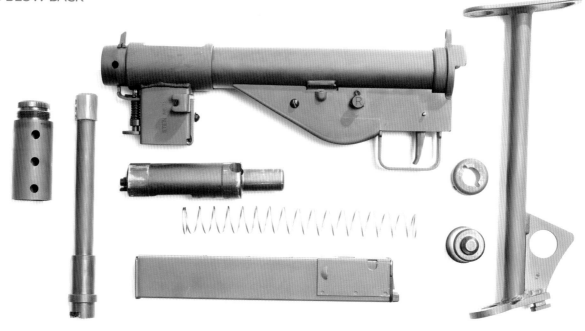

❶ 스텐의 총열덮개를 벗기려면 먼저 탄창 삽입구를 위 사진처럼 아래로 돌린 다음 덮개를 돌려서 풀면 간단하게 빠진다.
❷ 탄창 삽입구를 아래로 내리려면 고정 멈치를 바깥쪽으로 당기면서 움직이면 된다.
❸ 총열 덮개를 벗기고 나면 총열은 바깥쪽으로 간단하게 뽑아낼 수 있다. 단순하게 만든 총이지만 가장 정비소요가 높을 총열은 가장 쉽게 때어낼 수 있게 했다.

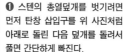

❹ 노리쇠 분리. 먼저 뒤쪽의 고정 멈치를 누르면서 개머리판을 아래로 내려 본체에서 분리한다. 금속 사이의 마찰이 꽤 심하므로 힘을 좀 주고 흔들며 빼야 한다.
❺ 개머리판이 떨어진 상태.
❻ 고정판을 살짝 돌려 몸통에서 분리하면 복좌용수철(리코일스프링) 뒤에 얹혀진 고정멈치가 튀어나온다. 스프링의 힘에 의한 사고가 나지 않게 조심하자.
❼ 장전손잡이를 뒤쪽 홈 위치에 맞춰서 잡아 뺀다. 쉽게 빠지지 않으니 주의할 것.

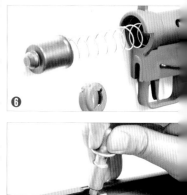

작동하도록 설계했다는 NLS라도 이처럼 늘 옆으로 탄창이 누워있어야 하는 디자인에서까지 제대로 작동할지는 의문이다.

실제로 쏴 보니 생 가스(아직 기화되지 않은 가스)의 분출현상이 심하고, 총을 약간 왼쪽으로 기울인 채로 쏘면 그 정도가 훨씬 덜해진다.

바로 여기서 메이커에서 '최고의 효율을 위해 탄창에 가스를 7초이상 채우지 말'고 권장하는 이유가 명확해 진다. 간단히 말해서 탄창 안에 액체상태의 가스가 거의 남지 않을만큼 가스를 조금씩, 자주 채워가면서 쓰라는 뜻이다.

이 부분에서는 좀 실망스럽고 김이 새는 기분이다.

듬직한 실물감

허구한 날 실총을 만지고 노는 미 친구가 에어소프트 건과 실총의 가다른 점이 '손에 쥐는 느낌'이라고는 말을 매우 인상적으로 들은 기이 있다.

그렇다. 아무리 에어소프트건의 모과 색깔을 정밀하게 재현해도 실총손에 쥐었을 때의 그 단단하고 야

▲ 장전손잡이까지 빼고 나면 노리쇠를 뒤로 밀어 총에서 뽑아낸다. 이 때 방아쇠를 당겨야 빠지며, 조정간이 자동(A)쪽으로 눌러있어야 쉽게 총에서 빼 낼 수 있다.

▲ 노리쇠(볼트). 총 본체와 달리 알루미늄 합금으로 만들어져 있다. 기본 형태는 실물의 노리쇠와 큰 차이는 없지만, 기본적으로 우리가 잘 알고 있는 GBB 구조의 노리쇠들과 별 차이는 없어 보인다.

▼ 붉은 화살표로 표시된 부분이 노커를 때려 격발이 일어나게 하는 부분. 노란 화살표로 표시된 부분은 시어에 걸려 노리쇠가 후퇴고정되게 하는 곳으로, 매번 쏠때마다 걸리므로 철판으로 보강되었다.

▶ 탄창 위쪽도 그닥 낯설지 않은 배열. 방출 밸브와 방출구가 있다. 노란 화살표가 일반적인 GBB와는 위치나 형태가 다른 노커에 대응하기 위해 만들어진 방출 밸브 노킹 플레이트(노커에 눌려 실제 방출 밸브를 눌러준다).

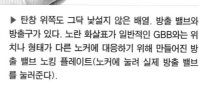

◀ 탄창 안쪽에는 가스 탱크와 위쪽 밸브/방출구 모듈이 있다. 밸브/방출구 모듈은 일종의 기화실 역할을 하는 듯 하고, 여기로 가스를 끌어들이는 튜브는 주입구가 아래가 아닌 위쪽을 향하므로 옆으로 누운 상태에서도 액화 가스가 그냥 밖으로 뿜어지는 사태는 최대한 줄이려 노력한 것 같다(원리 자체는 WA의 NLS와 비슷할듯). 다만 효과는 그다지….

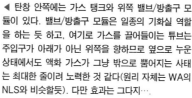

▼ 아우터 배럴은 쉽게 떼어낼 수 있어 정비성이 좋다. 심지어 가변 홉업(화살표)도 다이얼식으로 마련되어있다. 총구 끝에 있는 것은 물론 컬러 파트.

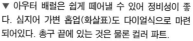

▲ 스텐의 탄창도 아주 ...럴듯하게 재현되었다. ...피는 철판 프레스제.

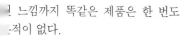

...! 느낌까지 똑같은 제품은 한 번도 ...적이 없다.
...지만 이 스텐은 다르다.
...에 쥐는 순간 실총을 처음 쥐었을 ...의 묵직하고 견고한 느낌이 그야말... 온몸으로 전해져 온다.
...렇다면, 도대체 무엇이 이런 차이... 만들어 낼까?
...말 두툼한 철판 -100% 진짜 스틸

이다- 이 주는 질감일까(편집자 주: 볼트는 알루미늄 합금), 아니면 그 모든 것을 투박한 용접으로 이어 붙여 덜거덕 거리는 부분이 전혀 없는 단단한 견고함 때문일까?
하여간 에어건/ 모델건이 가지는 중요한 기능 하나가 실물을 대신하는 대리만족감, 다른 말로 실물감이라는 점을 생각한다면, 최소한 그런 점에

서 이 Northeast의 스텐 Mk.2 는 지금까지 나온 그 어느 제품보다 가장 확실한 우위를 가지고 있음이 틀림없을 것이다.

◀ 스텐 Mk.II 후기형의 박스. 나중에 나왔으니 후기형이라고는 하지만 사실 먼저 나온 초기형과 같은 1942년에 나왔다. 전쟁중 스텐은 매우 급하게 개발된 탓에 바리에이션에 따라서는 몇 달의 차이밖에 안 나는 경우도 적지 않았다.

NORTHEAST
STEN MK.II/MK.IIS

글/사진: 김광민(smed70@gmail.com)

2차 대전 당시 영국의 가장 대표적인 기관단총으로 손꼽히는 스텐 Mk.II에 대한 기사는 이미 본지(2019년 2월호)에서 다루었다. 대만의 이름도 낯선 노스이스트(Northeast)라는 메이커에서 제작하여 판매했는데 GBB의 특성이 고스란히 살아있으면서도 풀스틸로 제작해 리얼리티에 있어서는 정말 끝판왕의 위엄을 보여준 제품이었다. 당시 제작한 제품은 스텐

※2020년 기준

Mk.II 초기형을 재현했다.

이후 올해※ 5월, 노스이스트는 다시 스텐 기관단총의 바리에이션을 출시하면서 메이커의 건재를 알렸다.

이번에 출시한 제품은 스텐 Mk.II 후기형과 소음기를 세팅한 스텐 Mk.IIS 버전이다.

내부 부품은 변화가 없지만 초기형의 장전손잡이(부품번호 Mk.2)가 후기형의 장전손잡이(부품번호 Mk.5)로 교체됐고, 스톡(개머리판)의 경우 가

장 일반적인 스텐 Mk.II의 스톡인 T스톡에서 스켈레톤 타입 스톡으로 바꾸었다. 스켈레톤 스톡은 실물에서 No.3라는 나름 어엿한 제식명을 가진 물건으로, 스텐 Mk.II에도 T스톡보다 이걸 단 경우가 훨씬 더 많다. 솔직히 이 쪽이 T스톡보다는 더 견착 안정성도 좋다. 게다가 내구성도 좋고 생산성도 좋은 등, T스톡보다 많은 면에서 유리한 덕분에 순식간에 스텐 개리판의 주류로 자리잡게 되었다. 등

▼ 스텐 Mk.II 박스 오픈 모습. 상당히 심플하다. 그 흔한 테스트용 BB탄이나 로더도 없다. 본체+스톡+탄창의 3분할에 매뉴얼이 전부.

기 자체도 거의 스텐 Mk.II의 양산기에 해당하는 빠른 시기(1942년)기 때문에 스톡만을 기준으로 전기/후기형을 나누기는 상당히 어려운 정이다.

스톡(No.2)은 1946년에 구식으로 분류되어 스켈레톤 스톡이 특히 더 많이 보이게 됐지만, 그렇다고 T스톡이 예 도태장비로 분류된 것도 아니고 던 것은 그냥 썼기 때문에 실제로는 텐이 완전히 도태된 시점(1960년

대)까지 영국군에서도 계속 같이 사용됐다. 기능상 딱히 문제가 있던 것도 아닌걸 군이 수거해서 폐기할 필요도 없었으니 말이다.

본체는 초기형이나 Mk.IIS가 파커라이징 타입의 무광 어두운 회색처리 된 것에 비해 후기형은 검은색 처리가 된 것을 재현한게 특징이다. 워낙 많은 곳에서 만들었기 때문에 업체별로 표면처리가 조금씩 달라서 이렇게 된 것 같은데, 노스이스트 입장에서도 형태

면에서는 정말 차이가 적은 전기형과 후기형 사이에 이런 식으로 나름 차이를 둘 필요가 있었을 것이다.

소음기 버전인 스텐 Mk.IIS의 경우에는 역시 스텐 Mk.II후기형과 본체는 동일하나 총열에 소음기가 장착, 인너 배럴도 소음기에 맞춰 연장된 것이 특징이다. 다만 아우터 배럴은 일반 스텐 Mk.II의 아우터 배럴을 그대로 사용하기 때문에 짧은 아우터 배럴로부터 인너 배럴이 상당한 길이로 튀어

▲ 스텐 Mk.II 후기형의 장전손잡이(위)인 Mk.5 손잡이와 초기형의 장전손잡이(아래)인 Mk.2 손잡이. 초기형은 조작이 불편이나 생산성등의 이유로 짧은 시간에 위의 후기형으로 교체됐다. 사실 실제로는 사진의 후기형과는 또 다른 일종의 과도기형 장전손잡이가 또 있지만 여기서는 지면 관계상 생략할까 한다.

나온다. 물론 소음기가 가리고 있어 실제로는 보이지 않기 때문에 딱히 상관은 없다. 사실 인너 배럴이 길어진 스텐 Mk.IIS의 경우 좀 더 탄속이 높아지고 집탄성이 좋아졌다는 점도 특징이다(대만현지 출시 기준).

현재 노스이스트사는 자사 홈페이지와 페이스북을 통해 스텐 Mk.V의 판매를 예고하고 있으며 실제 작동영상과 다양한 사진들을 발표하고 있어 조만간 스텐 기관단총의 풀 라인업이 완성될 것으로 전망된다.

스텐 Mk.IIS
스텐 Mk.II 후기형의 경우는 정말 디테일이 달라진 정도지만, Mk.IIS는 외관상으로도 크게 다른 버전이라 실총 이야기도 따로 할까 한다. 참고로 S는 Special purpose(특수목적)의 약자다.

Mk.IIS는 특수작전용 소음 버전으로, 외관상으로는 총열 및 총열덮개를 떼어내고 소음기로 대체한 것 같은 수이다. 하지만 그냥 Mk.II에 소음기단 수준이 아니다. 안에 들어가는 열부터 다르다. 총열이 훨씬 짧은데 여러개의 구멍이 파여 있어 일찌감치 추진 가스가 좍 빠지는데, 이러면 속이 크게 떨어지지 않을까? 걱정시는 분들. 그러려고 뚫은게 맞다. 브소닉(음속 미만) 탄 안 쓰고 일반을 써도 탄속이 음속을 넘지 않으려는 시도였다.

▼ 스텐 Mk.II 초기형(위)과 후기형의 비교. 실총도 생산 공장에 따라 부품의 색상등이 조금씩 다르기 때문에 이런 색상 차이가 고증 무시라고도 할 수 없다. 부분별 길이가 달라 보이는 것은 두 총의 촬영 각도가 조금 다르기 때문이지 실제로 길이가 다른 것은 아니다.

▶ 스텐 Mk.II 후기형의 탄창 삽입구 아래. 보통 총번과 해당 부품 제조사명(HF&CO)이 적혀있다. 스텐의 부품은 약 250개 업체에서 제조했으며, 이를 영국 내 4개 최종 조립공장에서 조립해 출고했다. 사진의 총은 F로 시작되니 퍼재컬리 조병창에서 만든 것을 재현한 셈인데, 퍼재컬리 조병창은 Mk.II만 따져도 무려 195만정을 뽑아낸 최대규모의 스텐 조립공장이었다.

렇게 되자 복좌용수철도 짧아지고 리쇠도 가벼워졌다(원래 597g, k.IIS는 493g). 약실 압력이 기본보다 떨어진 탓에 노리쇠와 복좌용철을 가볍게 하지 않으면 정상 작동안됐기 때문이다.

k.IIS는 1944년 2월 9일자로 명칭이 공식화됐지만, 이미 그 전부터 시품들은 테스트와 함께 일부 특수작등에 사용되어 실전을 겪은 것으로 겨졌다. 워낙 특수목적인 총이라 수

백만정이 생산된 기본형보다는 압도적으로 생산량이 적지만, 그래도 1944~45년 사이에 5,776정이 생산된 것으로 알려졌다. 이 정도면 특수목적 화기로는 단시간에 꽤 많이 만들어진 셈이다.

재미있는 것은 공식 명칭이 나오고 양산까지 진행(1944년 2월부터)되는 총인데도 막상 제식화는 안됐다는 것. 제식화는 1945년 4월에 이뤄졌지만, 이게 제식화된 바로 그 날에 후계 기

종인 Mk.6가 제식화되면서 Mk.IIS는 그야말로 제식화 당일에 구식이 되는 기묘한 신세가 됐다. Mk.6는 생산량도 24,824정으로 압도적으로 많은데, 재미있는 것은 구식화된 Mk.IIS도 당장 도태되지 않고 이런저런 용도로 꽤 잘 써먹었다는 것. 6.25 당시에도 우연히 찍힌 사진이 있고, 무려 1970년대까지 특수전용으로 사용된 기록이 있다! 베트남 전쟁중에도 미군이나 오스트레일리아군 특수부대

가스블로우백
GAS BLOW BACK

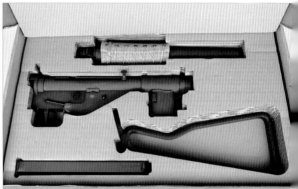

▲ 스텐 Mk.IIS도 기본 박스나 내부 구성은 Mk.II와 큰 차이가 없다. 정말 단순하기 그지 없는, 실총의 단순함과 잘 매치되는 구성/박스라 할 수 있다.

가 사용했다는 기록도 있다.

Mk.IIS는 용도가 특수한 만큼 관리도 특수했다. 기본형 스텐과 달리 주요 부품들은 같은 일련번호를 붙여 관리했고 노리쇠와 복좌용수철이 특히 총마다 미세하게 달랐다. 완성된 다음 시험사격을 하면서 미세조정을 수작업으로 했기 때문인데, 그러다 보니 이 두 부품은 고장나서 교환부품이 필요해도 그냥 부품번호 불러서 아무거나 받는게 아니라 영국에 다시 보내

교체해야 했다. 스텐 기본형과 달리 Mk.IIS의 노리쇠와 복좌용수철에 부품 번호가 따로 없는 것도 이 때문이다. 일반 스텐처럼 부품 받아서 일선에서 그냥 끼웠다가는 정상적으로 작동 못할 확률이 높았기 때문이다.

게다가 동남아나 중동 등 유럽과 기후가 크게 다른 해외 작전부대는 그냥 본국에서 수리된 총을 다시 받아 쓰기만 할 수도 없었다. 기후나 환경에 따라서는 영국에서 테스트할 때와 약실

압력이 달라 작동에 문제가 생길 가성도 컸기 때문이다.

따라서 새 총을 받으면 현지 부대 병기계 요원이 직접 시험사격을 해 문제가 있으면 직접 작업해서 문제 해결했다. 소음기가 달리고 난 다음는 단순한 총이라고 해서 취급도 단한 총이 절대 아니었던 셈이다.

▼ 스텐 Mk.IIS. 스텐 시리즈 중 가장 현역으로 오래 사용된 총
하나이다. 아이러니컬하게도 실전에 사용된 바리에이션으로는
장 적게 생산된 총이다.

▶ (위) 소음기를 감싸고 있는 캔
버스 커버. 실물은 소음기 표면에
방열소재가 들어간 로프를 한번
감고 그 위에 이 커버를 씌우지만
실은 그 방열소재가 석면(…)이라
고증 재현했다가는 큰일난다! 실
물의 소음기는 단발로 쏴도 금방
뜨거워지기 때문에 이런 커버는
필수품이었다(자동으로는 아주 단
시간밖에 쓸 수 없었다).
(아래) 소음기 안에는 인너배럴이
길게 설치되어 있다. 인너배럴 바
로 위의 아우터 배럴은 MK.II용의
것이 그대로 쓰인 듯 하다.

가스블로우백
GAS BLOW BACK

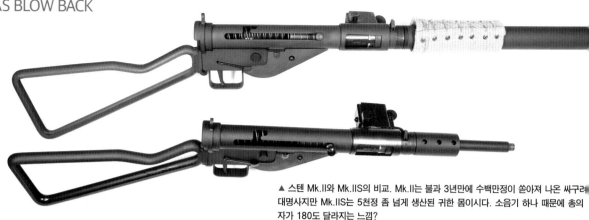

▲ 스텐 Mk.II와 Mk.IIS의 비교. Mk.II는 불과 3년만에 수백만정이 쏟아져 나온 싸구려 대명사지만 Mk.IIS는 5천정 좀 넘게 생산된 귀한 몸이시다. 소음기 하나 때문에 총의 자가 180도 달라지는 느낌?

▲ 스텐 Mk.IIS의 탄창 삽입구 하부. 다 합쳐봐야 6천정에 채 안되는 총에 이 정도 총번이 나오기는 힘든 노릇이니, 만약 실총을 보고 재현한거라면 전후에 수리등을 거치면서 총번이 새로 찍혔거나 다른 총의 부품을 가져다 수리한 것이 아닐까?

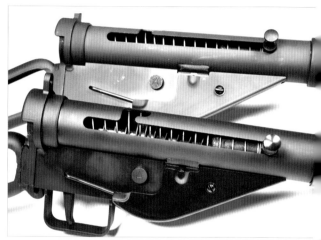

▲ 스텐 Mk.II와 Mk.IIS의 클로즈업 비교. Mk.II(아래)의 경우 부품마다 색상도 조금씩 르고 전체적으로 더 짙은 색상으로 되어있다. 만약 이게 실총의 차이를 재현한거라면 C 소량을 공들여 생산한 Mk.IIS쪽이 표면처리도 더 신경써서 그런걸 재현한게 아닐까?

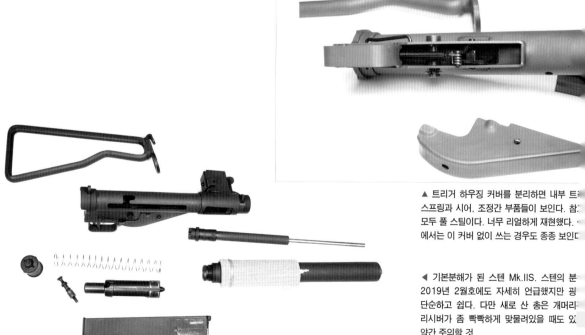

▲ 트리거 하우징 커버를 분리하면 내부 트 스프링과 시어, 조정간 부품들이 보인다. 참 모두 풀 스틸이다. 너무 리얼하게 재현했다. 에서는 이 커버 없이 쓰는 경우도 종종 보인디

◀ 기본분해가 된 스텐 Mk.IIS. 스텐의 분 2019년 2월호에도 자세히 언급했지만 굉 단순하고 쉽다. 다만 새로 산 총은 개머리 리시버가 좀 빡빡하게 맞물려있을 때도 있 약간 주의할 것.

▶ 볼트(노리쇠)는 알루미늄 합금. 이 총에서 스틸이 아닌 몇
안되는 부분중 하나다. 이것까지 스틸이면 작동이 원활할지
의문이기는 하다. 참고로 실물 스텐 Mk.IIS는 Mk.II와 다른
볼트가 사용되지만 GBB에서는 같은 것이 사용되었다(장착된
상태에서는 외관상 구분이 안된다).

앞에 총열뭉치 부분들이 모두 빠진 내부 모습이다. 그대로 볼트와 노즐이 보인
다. 내부에 보이는 금색의 나사모양 부품은 한국실정에 맞게 세팅된 파워 브레이
크이다.

▲ 기본형의 배럴 슬리브(총열덮개) 분해 장면. 배럴 슬리브 래치(덮개 멈치)를
당기면서 시계 반대 방향으로 돌리면 그대로 빠지게 된다. 사진 상에는 아우터 배
럴이 그대로 있지만 그냥 당겨주면 바로 같이 빠지게 된다.

(위) 위는 제품에 부속된 스켈레톤 스톡,
아래는 영국에서 공수해 온 실물 T스톡
(No.2 스톡). 멜빵고리가 달린 희귀버전
으로, 영국에서 정식으로 개조된게 아니
라 핀란드군에서 개조한 것이라고 알려
졌다. 뚫려있는 구멍은 흔히 알려진 것과
달리 엄지손가락을 끼우는 곳이 아니라
그냥 경량화를 위한 것.

(아래) 실물 T스톡을 세팅해 보니 한치
의 오차가 없이 정확하게 들어맞는다. 이
쯤되면 무서울 정도.

▲ 실물 T스톡을 달아놓고 보니 스톡과 비슷한 색상으로 아예 웨
더링을 하고 싶은 마음이 생길 정도로 잘 어울린다. 우리가 전형
적인 스텐의 모습으로 생각하는게 바로 이 모습이지만, 사실 정품
에 들어있는 스켈레톤 스톡이 실제로는 더 흔하다.

가스블로우백
GAS BLOW BACK

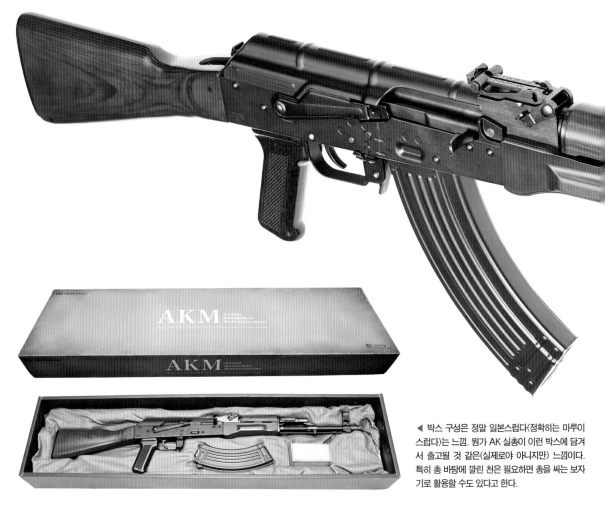

◄ 박스 구성은 정말 일본스럽다(정확히는 마루이
스럽다)는 느낌. 뭔가 AK 실총이 이런 박스에 담겨
서 출고될 것 같은(실제로야 아니지만) 느낌이다.
특히 총 바탕에 깔린 천은 필요하면 총을 싸는 보자
기로 활용할 수도 있다고 한다.

TOKYO MARUI
AKM GBBR

취재협력: 하비스튜디오(https://smartstore.naver.com/hobbystud
모델링맥스

화제의 마루이 신제품 AKM GBBR
이 지난 7월 15일※ 일본 현지에
서 발매가 시작됐다.

정말 오랜만에 마루이에서 내놓은 순수
한 신제품 GBBR이니 만큼 기대감이
큰 제품이었다.

일단 마루이의 AKM을 설명하기에 앞
서 결론을 먼저 말하자면 순수하게 BB
탄 발사하는 성능과 집탄성은 지금까지
나온 GBBR AK시리즈중 최고의 제품

※2021년 기준

이라고 단언할 수 있다.

반동도 기존의 마루이에 대한 선입관을
충분히 극복할 수 있을 만큼의 만족스
러운 편이다.

하지만 플라스틱으로 대체된 우드스톡,
알루미늄합금으로 제작된 본체 등의 외
관 재질의 일본적 한계성은 아무래도
최근 들어 점점 리얼함을 추구하는 콜
렉터들에게는 아무래도 너무나 큰 아쉬
움이 남는 제품이다.

결국 한마디로 말해 "정말 마루이다운

제품"인 셈이다.

외관은 위에서 언급한 재질의 아쉬움
뺀다면 상당히 만족스럽다.

실제로도 마루이 개발진들이 일본에
는 합법적으로 유통되는 AKM 무기
실총을 갖고 디자인 했기 때문에 세
한 디테일과 본체 표면의 질감등은
당히 우수하다. 특히 가늠쇠 마운트
분의 헤어라인과 본체의 분체도장 질
이 오리지널 러시아제 AKM과 상당
비슷한 분위기를 갖고 있다.

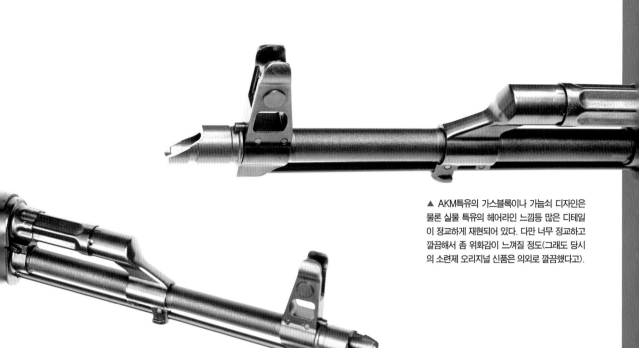

▲ AKM특유의 가스블록이나 가늠쇠 디자인은
물론 실물 특유의 헤어라인 느낌등 많은 디테일
이 정교하게 재현되어 있다. 다만 너무 정교하고
깔끔해서 좀 위화감이 느껴질 정도(그래도 당시
의 소련제 오리지널 신품은 의외로 깔끔했다고).

▶ AKM의 가늠자도 헤어라인
가공까지 재현되어있다. 실물과
마찬가지로 1,000m라는 거리
표시가 되어있지만, 실물에서도
비현실적인 거리임은 두말할 필
요도 없어 보인다.

AKM은 AK47과는 비슷하면서도 미묘하게
른 총이다. 대부분 뭉뚱그려서 그냥 이것까
AK47이라고 부르지만 두 총을 자세히 놓고
교해 보면 AKM에는 AKM만의 매력이 존재
다.

한 그립도 상당히 재현도가 높다. 실
자체도 베이클라이트 그립을 사용하
때문에 위화감이 없다. AKM 아웃바
의 특유의 나사선 질감과 스틸재질의
갈개 또한 실물과 비교할 때 상당히
현을 잘했다. 특히 윗덮개는 실물과
일한 사이즈이기 때문에 여타 다른
티컬 마운트가 세팅된 옵션 덮개를
새로 세팅할 수 있다.
데 플라스틱 스톡으로 가보자. 아마
런 마루이 AKM에서 가장 할 말 많은

부분이 될 것이다. 마루이 역사상 마루
이 토이건에는 리얼 우드가 들어 간 적
이 없고 이것도 마찬가지이니 말이다.
전동건이 개발된 이래 충격을 준 전설
적인 명총 마루이 AK47의 경우도 플라
스틱 재질의 스톡이었다. 이때는 전동
건 특유의 배터리 내장공간 확보 및 생
산성의 이유가 컸다.
이 덕을 본건 아이러니하게도 엄청난
개수가 판매된 마루이 AK47용 리얼우
드스톡 세트를 생산, 판매한 CAW사 였

다. 사실 마루이가 실제 나무 재질의 스
톡류를 세팅한다면 아마 현재 판매되는
가격에 최소한 2~3만엔은 더해줘야 하
고 생산 시간, 수량도 상당히 줄어드는
상황이 오기 때문이다.
이번에 GBBR AKM도 동일한 경제적
논리가 적용됐다.
일본에서 현지가 5~6만엔에 판매되는
AKM을 구입한 구매자는 자신이 원하
면 CAW나 여타 다른 옵션회사에서 나
올 리얼 우드스톡 세트를 알아서 개인

◀ 마루이 AKM의 탄창은 외피가 따로 없는 아연 다이캐스트 일체형이다. 알루미늄 합금 리시버와의 마찰로 인한 마모를 막고 늘 일정한 위치를 유지하게 하려는 이유인지 탄창 윗부분 양옆에는 플라스틱으로 만든 돌출 부품이 부착되어 있다. 상부에는 오토 스톱 기능을 작동시키는 듯한 부품도 보인다.

▶ 마루이 AKM은 노리쇠의 왕복 거리가 실물과 같은 풀 스트로크가 아니라 좀 짧은 쇼트 스트로크 방식이다. 사진은 정말 끝까지 당긴 모습. 하지만 이 덕분에 내구성과 작동성은 더 확실하게 유지할 수 있고 더 적은 양의 가스로 더 강력한 반동 느낌을 줄 수 있다.

적으로 구입, 세팅해주는 것이 낫다는 논리이다.

다만 마루이도 이번에 출시한 AKM의 우드(같은 플라스틱) 스톡은 나름 상당히 신경 쓴 느낌이다.

AKM 특유의 합판 적층 스톡의 느낌을 살리기 위해 나무 무늬 패턴을 잘 재현해 주었기 때문이다. 여기에 실물 우드 스톡에 들어가는 금속핀의 느낌도 재현해 플라스틱이라 해도 고증에 충실한 느낌을 준다.

내부 구성을 살펴보면 마루이 특유의 터치가 제대로 느껴진다.

실물 내부 구현과 마루이 특유의 어레인지가 적절하게 뒤섞인 느낌이랄까? 일단 다른 메이커의 GBBR AK시리즈에 비해 마루이는 MWS의 느낌을 그대로 받는다.

마루이 특유의 해머 형상과 밸브노커, 노커락 등이 적절하게 배치되어 있다.

여기에 19mm 대형피스톤을 채택, 상당히 박력있는 블로우백 반동을 구현하게 만들었다.

무엇보다도 마루이가 가장 자랑하는 토스톱 기능을 탑재, 상당히 재미나게 즐길 수 있다는 점도 마루이 AKM의 점이다.

원래 실총 AK는 알다시피 탄이 다 떨어지면 해머를 코킹시킨 뒤 다시 볼트가 제자리로 돌아온다. 볼트 스톱이 없다. 하지만 기존의 다른 회사들의 GBBR AK 소총류들은 GBBR작동 메카니즘의 특성상 이 부분을 구현하지 못했

▶ (위) 마루이 AKM의 탄창 삽입구 안쪽을 보면 오토 스톱 기능을 켜고 끄는 스위치가 있다. 이걸 이용해 탄이 떨어지면 노리쇠 후퇴고정은 안되어도 더 이상 발사는 안 되게 할 수도, 그냥 공격발을 즐길 수도 있다. (아래) 홉업 조절 다이얼은 챔버 왼쪽에 있다. 위치 때문에 현실적으로 한번 조절할 때마다 상부 커버를 열고 볼트캐리어를 떼어내거나 뒤로 당긴 상태를 유지해야 한다.

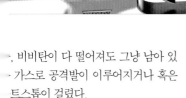
마루이 AKM의 리시버 커버를 열고 내장(?)을 구경해보자. 이렇게만 보면 실물과 아주 비슷한 것 같지만, 눈썰미 있는 분들은 벌써 뭔가 실물과는 묘하게 다른 것을 알 것이다. 뭐가 다른지는 다음 페이지를 보시길.

, 비비탄이 다 떨어져도 그냥 남아 있 가스로 공격발이 이루어지거나 혹은 트스톱이 걸렸다.

지만 마루이 AKM은 탄창이 들어가 내부 앞부분에 오토 스톱 스위치를 가했다. 이 스위치를 안으로 넣으면 총처럼 BB탄이 떨어질 때 볼트는 원치하고 해머만 코킹된다.

계속해서 쏘게 되면 결국 BB탄이 떨지면서 해머가 코킹이 되고 밸브노커 때려주지 않게 되기 때문에 실총처

럼 딸깍 해머만 원위치 되는 것이다. 하지만 오토스톱 스위치를 잡아 빼주면 비비탄이 떨어져도 밸브 노커를 햄머가 그대로 때려주기 때문에 비비탄 없이도 반동을 즐길 수 있는 공격발을 즐기는 것이 가능하다.

현재 마루이는 이 기술을 일본에서 특허출원중이라고 한다.

처음 접하면 나름 상당히 재미난 기술이기 때문에 마루이만의 고유 장점이 될 수 있다.

참고로 마루이 AKM은 풀 스트로크가 아니다. 이는 다른 회사 제품들처럼 숏 스트로크에 의한 작동성의 신뢰도를 높이기 위해서는 어쩔 수 없는 선택이 된 듯하다. 물론 아마 다른 옵션회사에서도 풀스트로크로 작동시켜줄 수 있는 옵션제품들은 필수적으로 나올 것이기에 크게 실망하지 않아도 될 듯하다. 하지만 마루이의 최대 장점, 즉 신뢰성 높은 작동성과 우수한 집탄성을 위해서는 굳이 권해주고 싶지는 않다.

가스블로우백
GAS BLOW BACK

▲ 마루이 AKM과 GHK AKM의 비교. 크기의 차이는 실제 치수의 차이보다는 촬영 각도의 차이에 의한 것 같다. 아마도 디테일이나 사이즈등은 마루이가 더 정확하겠지만, 아이러니 컬하게도 너무 깔끔하고 정확한 탓에 마루이보다 GHK가 더 진짜 AK같은 느낌이 드는 것 같다.

▲ 마루이 AKM의 볼트캐리어와 리코일 스프링 가이드. 볼트캐리어야 GBB이니 실물과 다른 부분이 당연히 있겠지만(그래도 가스피스톤을 아주 제대로 재현했다!), 재미있는 것은 리코일 스프링 가이드. 실물의 굴절 형태를 정확하게 재현한 리얼리티와 뒤쪽에 실물에는 없는 완충기를 만든 어레인지가 기묘하게 혼합되어있다. 어떻게 보면 그야말로 전형적인 마루이 스타일?

▼ 리시버 내부는 실물과는 다르게 어레인지 되어있다. 마루이는 기존 M4A1 MWS에서도 그랬고 여기서도 작동성과 내구성이 요구되는 격발기구 부분은 실물에 얽매이지 않는 설계를 도입했다.

이제 실제로 작동을 시켜 보자.

테스트를 한 날은 온도 30도, 습도는 소나기가 내린 직후라 좀 높은편 이었다.

사용탄은 마루이 0.2g탄이며 가스는 퍼프디노 블랙 가스를 사용했다.

사격은 23m, 30m 거리에 있는 ICPS 규격의 스틸타겟이었다.

일단 비비탄의 탄도나 집탄성은 상당히 만족할 만한 수준이다.

23m라면 사실상 A4사이즈의 A존에 대부분 집어넣을 수 있었다.

30m에서도 스틸타겟은 무난하게 정확하게 맞출 수 있으며 능숙한 슈터라면 A존에 대부분 명중시킬 수 있을 정도의 정확한 집탄성을 자랑한다.

지금까지 나온 GBBR AK종류 중에서는 가장 높은 명중률이다. 여기에 바짝 뒤쫓을 수 있는 제품은 KSC의 KTR-3 정도 랄까?

물론 기존의 마루이 MWS보다는 약간 집탄성은 떨어진다. 이것은 AK메카니즘과 AR소총류의 메카니즘 차이에서

오는 구조적 차이라고 여겨진다. 참로 AKM의 인너 배럴은 200mm이MWS 인너 배럴 길이는 265mm로 간 더 길기는 하다.

하지만 마루이를 제외한 여타 브랜드 AR15 계열의 GBBR 집탄성은 충분 뛰어 넘는다고 생각된다. AK류는 더 급할 필요도 없다.

이날 테스트에서 가장 놀라웠던 부분 솔직히 양호한 집탄성이 아닌 블로 반동이었다.

마루이 AKM의 실사격. 풀 스트로크가 아닌데도 꽤 날카로운 반동 느낌이 전해지고, 그러면서도
명중성도 꽤 좋다. 마루이가 우리 아직 안죽었어! 라고 외치면서 만든 느낌이랄까?

마루이 AKM에 동봉된 로더. 10발
밖에 들어가는 짧은 길이다. 35발 들어
가는 총에 이건 좀 짧은거 아닌가 싶지
만 나름 장전에 필요한 힘과 한번에 들어
가는 탄 숫자의 밸런스를 고려해 설정한
사이즈인 듯 하다.

▶ 개머리판을 떼어낸 모습. 리시
버 뒤에 실물에는 없는 긴 보강
부품이 달려있다. 플라스틱제 개
머리판의 부족한 내구성을 보강
하기 위한 것인데, 덕분(?)에 실
물 장착은 불가능한 상태다.

완성은 마루이제품인지라 기본은 한
다고 예상했고(실제로 기본이상을 한
다) 블로백 반동 정도가 가장 궁금했기
때문이다.

볼트캐리어가 왕복하면서 쳐주는 어깨
의 반동은 솔직히 기대 이상이었다.

물론 여타 브랜드의 CO2작동의 AK종
류와는 비교할 수 없겠지만 그래도 상
당히 날카로운 느낌의 반동은 상당히
괜찮았다. 기존의 다른 메이커 AK류는
묵직하지만 약간 벙벙한 느낌의 반동

이었다면 마루이 AKM은 직접적으로
어깨를 날카롭게 쳐주는 맛이 일품이
었기 때문이다. CO2나 HPA가 아닌
일반 퍼프디노 가스에서 이 정도 반동
이라면 솔직히 아주 우수하다고 본다.
나름 날카롭고 만족스러운 반동과 우
수한 집탄성. 이것이 이번 마루이
AKM의 가장 큰 특징으로 손꼽을 수
있다.

앞서 언급한 대로 지금까지 필드에서
사용하기에 부족한 집탄성과 신뢰도로

불만이 많은 AK소총 게이머라면 적극
추천해 주고 싶은 마루이 제품이다.

하지만 장식하거나 집에서 즐기는 순
수 콜렉터라면 이해득실을 잘 따져서
선택해 주기 바란다. 마루이 AKM의
성능과 신뢰도, 다른 메이커 AK소총
들의 풀스틸바디와 리얼우드스톡을 잘
저울질 해야 하기 때문이다.

결국은 역시나 일본의 한계속에서 최
선을 다한 마루이 답다.

취재협력: 하비스튜디오
(https://smartstore.naver.com/hobbystudio)

TOKYO MARUI
MP7A1 GBB

▶ 개머리판도 실물처럼 고정멈치(화살표) 조작 한번으로 쉽게 나오는 방식이다. 실물도 반동이 적다 보니 개머리판은 반동 억제의 목적보다는 조준을 위한 지지대 역할 정도에 충분한 수준의 컴팩트한 것이 달려있다.

역사상 '시작은 창대하였으나 끝이 애매한' 총들은 꽤 있다. '끝'은 아닐지라도 원래의 원대한 포부가 시간이 지나니 제대로 충족되지 못한 용두사미형 총들도 상당히 많다. 그 대표적인 사례가 아마도 90년대에 나온 PDW개념의 두 총, P90과 MP7아닐까.

두 총 모두 등장할 당시에는 획기적인 신개념 총으로서 '방탄복을 펑펑 뚫는다' '반동이 거의 없다' '9mm를 구시대의 유물로 만들것' 등등… 하여간 엄청난 찬사를 받았지만(+SF영화 속에서 튀어나간 것 같은 비주얼), 이제 두 총 모두 20~30년쯤 된 시점에서 보면 '실패작은 아니지만 예상보다 좀 신통찮은' 상황이다. 원래 예상했던 PDW(개인방어화기)로도 대성공은 못 거뒀고(물론 원래 예상한 용도로 채택한 나라들도 좀 있고, 독일군도 실제로 그런 용도로 도입은 했다),

그렇다고 대테러용 같은 원래와는 다른 용도로도 '대박'과는 거리가 먼 황이니 말이다.

그래도 MP7, 보다 구체적으로는 제 양산형인 MP7A1은 나름 틈새 장을 찾는데 성공한 편이다. 9m SMG를 다 죽이고 그 자리를 차지 겠다는 원대한 꿈이야 진작에 접었만, 그래도 그 정도 크기에 40발씩나 들어가면서 반동까지 낮은 총은

▶ 장전손잡이는 실물처럼 플라스틱제. 소재 자체의 탄성으로 제자리에 고정되는 방식이라 양옆으로 누르며 당기면 된다.

상 없으니 말이다. 따라서 특수부대서 포인트맨이나 군견병 등 카빈 휴도 불편할 인원들에게 MP7A1은 좋은 선택이고, 2011년에 전 세계 뒤흔들었던 빈 라덴 사살작전에 동된 미 해군 씰 팀 요원들 중에도 이을 사용한 친구들이 있었다는 사실꽤 잘 알려져 있다.

히 MP7A1은 P90보다 '환상속의대'효과를 톡톡히 누리고 있다.

P90의 경우 그래도 미국에서 민수용인 PS90이 나온 덕분에 직간접적으로 실총을 접한 사람이 꽤 있다. 반면 MP7A1은 민수용이 전혀 없으니 절대다수의 사람들에게는 '가까이 하기엔 너무 먼 그대'다.

이건 바꿔 말하면 에어소프트 시장에서 만만찮은 매력이 될테고, 덕분에 마루이나 KSC/KWA, VFC등에 의해 제품화되었다.

마루이 GBB제품

여기서 소개할 제품은 도쿄 마루이의 제품이다. 마루이는 이미 2006년에 전동건으로 이 총을 만들었다. GBB(가스 블로우백) 제품으로는 KSC/KWA가 2009년에 이미 내놓았지만, 2012년에는 마루이도 GBB제품을 내놓았다.

리얼리티라는 면으로 보면 KSC가 있는데 군이 왜 마루이가 또? 라는 느낌

◀ 가늠자/가늠쇠는 눕힌 상태가 기본. 눕힌 상태에서도 가늠자의 좌우 영점은 조절할 수 있다. 이 상태는 개머리판 없이 사용할 때(급하게 쏘는 이 총은 의외로 그래야 할 경우가 많을 듯)의 신속 조준용이라 권총같은 오픈 사이트 방식에 3점식으로 되어있다.

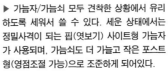

▶ 가늠자/가늠쇠 모두 견착한 상황에서 유리하도록 세워서 쓸 수 있다. 세운 상태에서는 정밀사격이 되는 핍(엿보기) 사이트형 가늠자가 사용되며, 가늠쇠도 더 가늘고 작은 포스트형(영점조절 가능)으로 조준하게 되어있다.

도 들지만, 에어소프트는 리얼리티만 보고 사는 물건은 아니다.

KSC도 실사성능은 GBB제품으로는 나쁘지 않지만, 마루이 MP7A1은 실사성능(정밀도)부터 내구성까지 평균적으로 퍼포먼스가 상당히 좋은 물건이다. 심지어 가격마저 아주 조금이지만 마루이가 KSC보다 싸다(일본 내 권장 소비자가 기준 2,000엔).

하여간 기본적인 리얼리티는 마루이 제품도 좋다. KSC와 비교했을 때 결합 핀이 HK에서 원래 채택한 스프링 핀 방식이 아니라는 점은 약간 아쉽지만, 그래도 전체적인 부품 구성부터 디테일에 이르기까지 상당히 잘 재현되어 있다. 리시버를 포함한 외부 부품의 대부분이 플라스틱이지만 그거야 원래 실총도 그러니 할 말 없는 부분. 심지어 장전손잡이도 플라스틱이지만 그게 고증을 지키는거다.

조작도 실물과 거의 차이가 없다. 전손잡이를 당기면 노리쇠가 후퇴고 탄창이 빈 상태면 그 때 후퇴고된다. 이 상태에서 노리쇠 멈치 레를 조작하면 노리쇠(볼트 캐리어) 전진하는 것도 같은데, AR등의 소류와 달리 이 총에서는 탄창이 없상태에서는 노리쇠 멈치 레버를 손로 올리면서 장전손잡이를 당겨도 리쇠가 후퇴고정 되지는 않는다. 노

◀ 탄창은 아연 합금제. 덩치는 크지만 구조나 형태는 GBB 권총 스타일 그대로다. 40발이 장전된다.

▼ 앞의 손잡이는 접었다 폈다가 가능한 방식. 판쩨파우스트 3의 손잡이에서 발전된 디자인이다. 펼친 상태가 MP7A1다운 스타일이 되지만 접은 상태에서는 휴대성이 대폭 향상된다.

▶ 조정간은 좌우대칭. 탄창멈치도 USP등 HK 권총 특유의 아래로 누르는 레버 타입의 좌우대칭형이라 대부분의 다른 SMG들보다 탄창 교환이 훨씬 직관적이고 빠르다. 노리쇠멈치도 방아쇠 바로 위에 있는 좌우대칭형으로 실물처럼 작동된다. 방아쇠에도 글록과 유사한 트리거 세이프티가 달려 있는 등 마루이도 깨알같은 재현도를 자랑한다.

멈치는 빈 탄창에 의해서만 위로 라가고, 외부의 멈치 레버는 그걸 리는 역할만 하는 것이다.
머리판은 2006년의 전동건 버전이 2009년의 KSC제 GBB버전에 비 달라진 부분이 있다. 그냥 넣었다 냈다로만 쓰던 물건이 마루이의 BB버전에서는 3단으로 길이 조절 나름 깨알같이 되는 것이다. 아무도 플레이트 캐리어등을 착용할 때

를 위한 배려같다.
가늠자/가늠쇠는 레일에 달려있는 백업용이 의외로 괜찮다. 상하좌우 모두의 영점조절이 가능하고, 흔히 KSK 사이트라고 부르는 눕혔다 세웠다 하는 방식도 잘 재현했다. KSK사이트라고 부르는 이유는 독일군 특수부대 KSK에 채택된 모델부터 사용됐기 때문이라고 하는데, 권총처럼 견착하지 않고 쏠 때에는(한 손으로만 쏘거나,

견착 대신 멜빵을 당겨서 안정시키는 등) 눕힌 상태로 조준하고 견착할 때에는 접응점에 맞춰 세워서 쏠 수 있다는 것이다.
한가지 아주 재미있게 재현한 부분이 있다. 바로 홉업 조절 다이얼이다. KSC는 홉업 조절 나사를 잘 안 보이는데 숨겨놓고 전용 도구(렌치)를 꽂아 홉업을 돌리지만, 마루이는 대부분의 제품들에서 그렇듯 전용 도구 없이

▲ 개머리판은 펼친 다음 3단계로 길이 조절이 되는 타입이라 체형이나 복장에 따라 어느 정도 원활한 조절이 가능하다.

▶ 두 개의 고정핀을 뽑고 개머리판 뭉치를 통채로 뽑으면 노리쇠뭉치와 복좌용수철까지 완전히 빠진다. 핀 모양이 실물과는 좀 다르지만 그거 빼면 전체적인 재현도는 높다.

▲ 총에서 꺼낸 뒤 분리한 개머리판 뭉치 및 노리쇠뭉치/복좌용수철. 장전손잡이는 개머리판 뭉치에서 분리되지 않는 일체형이다.

▶ 개머리판 뭉치 안쪽에는 짧은 스프링이 하나 들어있다. 노리쇠뭉치가 여기까지 밀려와도 직접 부딪히지 않게 하는 완충장치(버퍼)로, 반동 경감과 총기 수명 연장 모두에 도움이 된다.

조절할 수 있게 했다. 사진을 보시면 아시겠지만, 방아쇠를 위로 밀면 홉업 다이얼이 탄피배출구쪽으로 쓱 나오는 것이다. GBB이면서도 전동건 수준의 편한 홉업 조절을 가능하게 하려고 머리를 굴린 끝에 정말 본 적 없는 독특한 방식이 나온 셈인데, 탄창이 끼워진 상태에서는 이게 불가능하니 조심하시길.

탄창은 443g의 묵직한 아연 다이캐스트 제품이다. 이것까지 끼운 상태에서는 총의 무게가 무려 2.23kg이나 되는데, 거의 실총에 40발을 다 채운 수준에 육박한다. 총에 탄창을 꽂고 예비 탄창을 5개 휴대하면 4.4kg의 무게를 자랑하니 이걸로 서바이벌 게임을 뛰면 운동은 될 것 같다. 장탄수는 실물과 같은 40발이다.

우수한 실사성능

그렇다면 에어소프트로서의 실사성능과 작동성은 어떨까. 오래 전에 나온 물건이니 해외 리뷰 데이터도 꽤 쌓여 있는데, 일본에서 관련 매체들이 한 테스트 결과는 섭씨 23~24도 정도만 되면 그야말로 '펄펄 날아다니는' 급의 성능을 자랑한다. 유명한 하이퍼도라쿠(hyperdoraku.com)의 테스트 결과에서는 섭씨 23도, 9m거리

◀▲ 노리쇠뭉치(볼트캐리어)도 잘 만든 편. 외관상으로도 재현이 괜찮다. 로딩 노즐 쪽이 발매 초기에 좀 문제가 있다는 지적을 받았으나 지금이야 물론 개선되었다.

조립할 때에는 장전손잡이가 노리쇠뭉치(볼트캐리어)의 위에 제대로 워진 상태로 넣어야 한다. 안 그러면 걸려서 제대로 총 안으로 들어가지 않으며, 이 때 억지로 힘을 주면 피눈물 날테니 조심하자.

▶ 실물도 그렇듯 마루이 GBB 제품에도 안쪽에는 금속제 섀시가 들어있어 필요한 내구성을 확보하고 노리쇠뭉치가 실제로 움직이는 레일을 마련해주기도 한다.

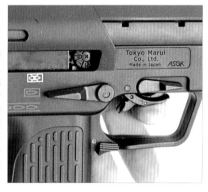

▶ 홉업 다이얼은 어디 있는지 안 보인다. 탄창을 빼고, 방아쇠를 사진처럼 위쪽으로 밀어올리면 노리쇠가 살짝 밀리면서 사진처럼 탄피배출구를 통해 홉업 조절 다이얼이 모습을 드러낸다. 이건 진짜 제대로 알지 못하면 끝까지 모르고 넘어갈만한 특이한 부분이다.

내에서 무려 35mm라는 조밀한 탄군을 기록, "전동건에 필적할" 집탄을 자랑했다. 또 40발을 연사로 쉬않고 당겨도 전혀 문제없이 후퇴고까지 다 되더라고….

2g탄을 사용할 때 초속 역시 평균 .7m/s에 최저 79.71m/s, 최고 .33m/s로 GBB로서는 꽤 안정적로 나온다. 에너지는 0.65J. 물론 에서 이 파워로 즐길 수야 없지만

하여간 기본 베이스는 잘 만들었다는 이야기다. 발사속도는 초당 약 15발(분당 약 900발) 수준으로, KSC에 비해 약간 느리지만 오히려 이 정도 속도가 탄 소모를 컨트롤하기는 좋다. 반동도 결코 약하지 않으며 KSC보다 오히려 마루이쪽이 더 강력하다는 의견이 대세다.

하여간 마루이의 MP7A1은 좀 오래된 모델이기는 하지만 지금도 GBB

MP7A1을 고를 때 중요한 참고점이 될 수 있는 물건이다. MP7A1을 원하는 분들 중 매물을 입수 가능한 분이라면 충분히 구입할 가치가 있는 물건이라 하겠다.

최강 하이엔드 GBB대결

글 : 김광민(smed70@gmail.com)
장비협찬 : 하비스튜디오(https://smartstore.naver.com/hobbystud

VIPER vs RA-TECH
VIPER HK416 vs RA-TECH URG-i(GHK System)

에어소프트건 매니아들에게 성능과 외관 등 전반적인 품질에 있어 끝판왕으로 다가오는 에어소프트건 메이커들이 있다. 가장 대표적인 것이 전동건으로는 자랑스러운 GBLS사의 DAS 시리즈 전동건을 꼽을 수 있고 GBBR에서는 바이퍼를 들 수 있다.

두 메이커의 제품들 모두 200만원이 훨씬 넘는 비싼 가격이지만 그 뛰어난 품질에 많은 매니아들이 선호하고 있다.

이번에는 이러한 분위기 속에 GBBR 최강의 하이엔드급 제품 두 종류를 갖고 비교하는 시간을 가져보려 한다.

일단 첫 번째 제품은 앞서 언급한 바이퍼사의 HK416 10.5인치 스탠다드 2020년 버전이다. 현재* 나오는

*2021년 기준

GBBR HK416 시리즈 중에서는 최강의 퀄리티와 반동을 자랑하는 제품이다.

두 번째는 바로 대만의 대표적인 커스텀 업체인 RA-TECH(라텍)사에서 GHK M4를 기본베이스로 본인들이 커스텀 제품으로 생산하는 실총과 동일한 7075 알루미늄 재질의 단조바디를 세팅하고 각종 커스텀 부품으로 완제품을 조합해 제조·판매하고 있는 RA-TECH URG-i GHK 시스템 이다.

두 제품은 공통적으로 단단하게 제조하는 단조바디를 갖고 제작되어 강도와 터프함, 신뢰도가 GBBR 최고 수준이라고 말할 수 있다. 공통적으로 두 제품의 내부는 시판되는 완제품 그대로 노말 상태를 유지하고 있으며 외관은 레

일류나 스톡, 그립 등이 바뀐 것 외에 성능적으로는 바뀐 부품이 없다.

간단히 두 제품의 내외를 비교하고 랜만에 실사격 테스트를 진행했다. 참고로 라텍-GHK URG-i와 간단히 비교하기 위해 노말의 GHK MK Mod1이 찬조 출연했다.

내외부 비교

바이퍼와 라텍-GHK URG-i 두 제품 가장 큰 공통점은 역시 실총 제작과 일한 포징방식, 즉 단조제조를 통해 산된 바디를 채택한 제품으로 사실 에어소프트건으로는 끝판왕을 달하 있다. 실제로도 커스텀 단조바디만도로 400-500달러에 판매될 정도로 가의 부품이기 때문에 이렇게 단조

위는 비교를 위해 찬조출연(?)한 GHK의 Mk.18 Mod.1. 가운데는 라텍-GHK URG-i, 아래는 바이퍼 HK416.

로 기본 제작된 완제품의 경우도 상히 고가를 형성하고 있다.

단 바이퍼 HK416의 경우 10.5인치 전으로 2020년 발매된 신형 제품이. 국내에서도 총판점을 통해 판매되고 있는 제품으로 이번 취재에 사용된은 내부는 스탠다드 노말사양이며 외는 필자가 선호하는 Z-파트사의 가이리 SMR 10.5인치 레일세트를 세팅, 립은 정품 맥풀 MOE그립을 세팅다. 과거 구형제품은 기존 M4스타일 셀렉터가 사용된 것에 반해 이번 신버전은 416전용의 양손잡이용 셀렉가 적용됐고 스톡은 LMT타입 크레스톡이 달려 있다.

창을 제외한 기본 무게는 3.08kg겨 바이퍼사 자체 P-MAG를 사용

한다. 하지만 일반 시중에서 판매하는 GBBR용 가스로는 원활하게 작동하기 힘들기도 하다.

이는 강력한 반동을 실현하기 위해 바이퍼사 자체 스틸 볼트캐리어의 무게가 무려 340g에 달하는 헤비 볼트캐리어를 채택했기 때문이다. 이 때문에 바이퍼는 원활한 작동을 위해 스톡 봉에서 서페이서를 세팅, 버퍼가 뒤로 완전히 후퇴하지 않고 일부만 후퇴하여 볼트캐리어의 왕복거리를 줄이는 방법을 사용했다. 기존 AR15 계열의 풀스트로크 작동이 아니기 때문에 어떻게 보면 바이퍼 제품중 유일하게 아쉬워하는 부분이라고 볼 수 있다.이렇게 무거운 볼트캐리어와 강력한 버퍼스프링의 원활한 작동을 위해 일부 사용자들은 CO_2

전용 탄창을 활용하기도 하고 고압탱크를 연결하는 HPA 시스템을 적용해 사용하기도 한다.

라텍-GHK URG-i은 라텍사의 7075 단조바디를 사용했고 URG-i 전용 레일과 크레인스톡을 세팅, URG-i Mk.16용 가이슬리 볼트캐치와 가이슬리 장전손잡이를 채택했다. 탄창은 GHK 전용 G-MAG를 사용한다. 하지만 이번 취재에 활용된 제품은 필자의 선호에 따라 스톡과 그립을 맥풀 UBR타입으로 세팅 해 주었다. 내부는 라텍 완제품 노말 상태 그대로 사용했다. 노말이라 해도 라텍 정밀바렐과 메이플 리프(라텍 자회사) 홉업고무가 세팅됐으며 라텍 헤비 버퍼(내부 스틸웨이트), 라텍 CNC 가공 스틸 볼트캐리어가 장착됐다.

가스블로우백
GAS BLOW BACK

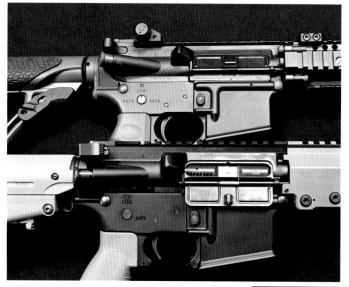

▲ 라텍-GHK의 URG-i는 좌우 대칭의 탄창멈치와 노리쇠멈치를 갖추고 있다. 마킹은 가이슬리사의 것을 재현.

▼ 라텍-GHK의 URG-i와 바이퍼의 HK416 볼트캐리어/장전손잡이 비교. HK416이 위쪽이다.

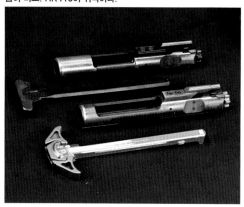

두 제품의 외관을 비교하자. 참고로 라텍-GHK완제품의 비교를 위해 노말 GHK Mk.18 제품이 찬조출연했다.

바이퍼의 외관은 한마디로 정리하면 끝판왕 답다. 야무지고 단단하며 무광블랙의 표면 느낌은 실총 느낌 그대로라고 해도 손색이 없다.

특유의 화이트 스크린 각인이나 앰비타입의 셀렉터도 정확하게 재현했다.

들고 있으면 묵직하면서도 고급스러운 느낌이 전해지기 때문에 비싼 하이엔드급의 기분을 즐기기에 충분할 듯하다. 특히 국내 바이퍼 총판점에서 같이 판매했던 Z파츠사의 가이슬리 레일이 정말 원래 순정부품처럼 잘 어울린다. 평상시 사용하는데도 단단한 바디 덕분에 일상적인 상처는 크게 발생하지 않는

다. 물론 광학장착을 위한 장착흔이 발생하는 것은 어쩔 수 없다.

라텍-GHK URG-i의 경우 첫 느낌은 상당히 터프한 느낌이다.

실총 그대로의 7075 단조바디와 깊게 새겨져 있는 가이슬러 각인이 무척 인상 깊다. 손에 잡히는 가이슬리 레일은 특유의 슬림함이 그대로 전해지지만 무척 단단한 느낌이다. 우리가 애지중지하는 기존의 GBBR이 아닌 실총처럼 그냥 턱턱 아무 곳이나 세워두고, 옆으로 쓰러져도 그냥 그러려니 할 정도로 단단한 느낌의 신뢰도가 생긴다.

이에 반해 노말 GHK Mk.18의 경우(사실 이친구도 스톡과 그립, 수직손잡이를 다니엘 디펜스 정품으로 세팅했고 내부 챔버 및 배럴 시스템도 TNT 커스

텀이기 때문에 GHK제품군에서는 최고의 커스텀 제품이라고 할 수 있다) 과 마루이 MWS와 VFC SR16과 비교할 때 최강의 터프가이였지만 라텍-GHK 완제품에 비하면 상당히 얌전한 느낌이라고 할 수 있었다.

참고로 이번 취재에 실제 사격테스트 실시 할 때 필자외에 테스트에 참가자인 모두 바이퍼 HK416과 라텍-GHK URG-i 두 기종 중 선호기종을 뽑으고 할 때 두 명 모두 라텍-GHK제품을 선택했다. 좀 더 터프하고 실전적인 용 느낌이 든다는 것이 그 이유로, 지히 개인적인 취향이라고 볼 수 있다.

필드 사격 테스트

바이퍼 HK416과 라텍-GHK URG

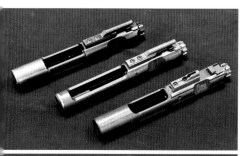

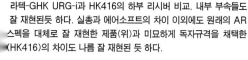

GHK의 Mk.18, 라텍-GHK URG-i, 그리고 HK416의 볼트캐리어 비교. HK416이 가장 육중한 볼트캐리어를 자랑하며 왜 그런지는 사진만 봐도 쉽게 알 수 있다.

라텍-GHK URG-i과 HK416의 하부 리시버 비교. 내부 부속들도 잘 재현된듯 하다. 실총과 에어소프트의 차이 이외에도 원래의 AR 스펙을 대체로 잘 재현한 제품(위)과 미묘하게 독자규격을 채택한 《HK416》의 차이도 나름 잘 재현된 듯 하다.

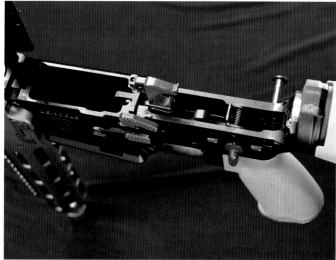

제품의 실제 사격 테스트는 6월 1일 전 11시부터 오후 2시까지 진행됐다. 날 기온은 섭씨 26도 전후로 테스트 적절한 조건이었다.

고로 이날 원할한 테스트를 위해 두 종 모두 HPA시스템을 적용한 탄창 사용했다.

PA는 탱크는 미국의 페인트볼 전문 사인 닌자사의 48cu, 96cu 두 개가 용됐으며 2차 레귤레이터 및 에어호 는 닌자사와 레드라인사 제품을 각각 용했다.

속을 위한 압력은 두 기종 모두 동일 게 세팅했으며 국내 서바이벌게임 유 필드에서 허용되는 탄속을 준수했다. 용탄은 마루이 0.2g 퍼펙트히트 탄을 ○, 각각 1인당 반자동 사격 20발, 자

동사격 20발을 두 기종 모두 사격을 실시했다. 정식 테스트에 앞서 100~200발 이상 사전 테스트 사격을 통해 홉업을 맞추며 컨디션을 조정했다.

사격은 24m거리의 상반신 형태 IPSC 규격 철제 타겟을 사용해 명중정도와 반동 등을 개별적으로 각각 체크했다. 바이퍼 HK416에는 4배율 가변식 숏 스코프를, 라텍-GHK URG-i에는 4배율 ACOG 레플리카를 사용했으며 모두 국내에서 합법적으로 판매되는 영점조정이 안되는 제품들이다.

사격 직후 즉시 설문지 6가지 항목에 각각의 점수를(10점만점) 주는 방식으로 테스트를 진행했다. 테스트는 플래툰 홍희범 편집장, 전문 커스텀 업체인 모델링맥스 최민성 대표(닉네임 모형꾼으

로 유튜브와 인터넷에 잘 알려져 있는), 그리고 필자 총 3명이 참가했다.

■ 집탄성

두 기종 중 비교한다면 사실상 바이퍼의 완승이었다. 세 명 모두 집탄성 항목에서는 바이퍼의 손을 들어주었다. 실제로 바이퍼의 명중 정도는 과거 GBBR3기종 비교 당시 마루이 MWS 정도는 아니지만 VFC의 SR16 수준은 충분히 된다고 생각된다. 반면에 라텍 정밀 배럴과 메이플리프 홉업고무, 라텍 GHK완제품은 과거 GHK의 집탄성과 비슷한 양상을 보여줬다.

실제로 집탄성에서 홍희범 편집장은 바이퍼에 8점, 라텍 GHK에는 7점을 주었으며 최민성 대표의 경우 바이퍼 7점,

가스블로우백
GAS BLOW BACK

가스블로우백
GAS BLOW BACK

실사격중인 최민성 대표(모형꾼). 탄창에
HPA 호스가 연결된 것을 알 수 있다.

라텍 GHK에 5점을, 필자의 경우도 바이퍼에 8점, 라텍-GHK에 5점을 주었을 정도로 두 기종의 차이가 명확했다. 물론 이점은 이날 라텍-GHK 제품의 컨디션 난조로도 볼 수 있겠지만 과거 GHK제품들의 상대적으로 떨어지는 집탄성을 고려해보면 크게 놀랄 일은 아닌 듯 싶었다.

필자 개인적으로는 이날 사격한 바이퍼의 경우 HPA라는 안정적인 파워소스 덕분에 거의 90% 이상의 명중률을 기록할 수 있었다. 이는 과거 블랙퍼디노를 사용한 마루이 MWS에 버금가는 기록이었다.

■ 반동

반동도 세 명 모두 바이퍼의 손을 들어 주었다. 동일한 압력을 사격하는데 반동의 차이는 명확하게 났기 때문이다. 참고로 바이퍼의 경우 스틸 볼트캐리어(338g)와 알루미늄＋우레탄 버퍼(53g)를 사용, 라텍-GHK는 CNC가공 스틸 볼트캐리어(217g)와 알루미늄(내부스틸웨이트)의 헤비 버퍼(142g)를 사용했는데 아무래도 무거운 스틸 볼트캐리어와 가벼운 버퍼 그리고 풀 스트로크 대비 70%정도의 짧은 볼트캐리어의 왕복거리가 더욱 효과적인 반동을 보여주었다.

이에 반해 라텍-GHK제품은 가벼운 CNC가공스틸 볼트캐리어와 무거운 헤비버퍼, 그리고 풀 스트로크의 볼트캐리어 왕복이라는 조합이 상대적으로 바이퍼 보다 약간은 떨어지는 반동을 보여준 것으로 풀이 된다.

참고로 반동 항목에서 홍 편집장은 이퍼에 9점, 라텍-GHK에 8점을, 최 표는 바이퍼에 10점, 라텍-GHK에 7을, 필자는 바이퍼에 10점, 라텍-GH에 8점을 주었다.

■ 조작성, 신뢰성, 작동성

두 기종 모두 세 명 다 같이 동일 점를 주었을 정도로 의견이 일치했다. 일 단조바디와 타이트한 셀렉터와 리거 작동느낌, 장전손잡이 작동성 모두 우열을 가리기 힘들 정도였다. 뢰성 또한 동일 점수를 주었다. 작동의 경우 홍 편집장과 최 대표가 두 종 모두 10점을 주었으며 필자만 바퍼에 10점, 라텍-GHK에 9점을 주

기종	RA-TECH GHK URG-I	GHK Mk.18 Mod.1	VIPER HK416 10.5, 2020V
상부 리시버	7075 단조바디 1,118g	알루미늄 다이캐스트 1,124g	단조바디(Z피츠 가이슬리 레일 세팅) 1,680g
하부리시버	7075 단조바디 1,118g (UBR스톡세팅)	알루미늄 다이캐스트 859g	단조바디 1,013g
탄창	플라스틱 외피 30연발 (알루미늄 탱크) 376g	플라스틱 외피 30연발 (알루미늄 탱크) 376g	플라스틱 외피 30연발 (알루미늄 탱크) 456g
볼트캐리어	CNC가공 스틸 217g	스틸 227g	스틸 338g
버퍼	알루미늄 (내부 스틸웨이트)142g	알루미늄+우레탄 89g	알루미늄+우레탄 53g
버퍼스프링	두께 1mm, 피치 7mm 외경 23.5mm 길이 292mm	두께 1mm, 피치 8mm 외경 22mm 길이 304mm	두께 1mm, 피치 7mm 외경 23mm 길이 333mm
중량(탄창 제외)	2,652g	2,347g	3,056g
길이	715/800mm	700/780mm	700/780mm
인너배럴 길이	265mm	265mm	250mm

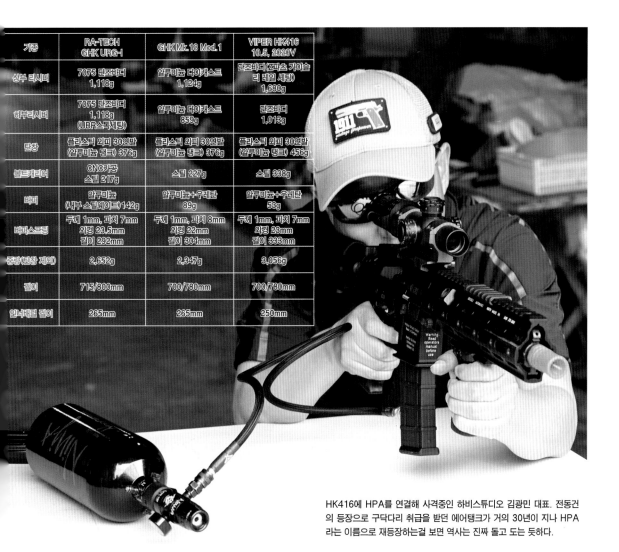

HK416에 HPA를 연결해 사격중인 하비스튜디오 김광민 대표. 전동건의 등장으로 구닥다리 취급을 받던 에어탱크가 거의 30년이 지나 HPA라는 이름으로 재등장하는걸 보면 역사는 진짜 돌고 도는 듯하다.

.(라텍-GHK사격시 1회 더블피딩에
한 작동 불량이 발생)

외관

직히 단조바디 제품에 대한 외관 평
는 사실상 무의미 할 듯했다.

편집장과 필자가 두 기종 모두 외관
대해 10점을 주었으며 라텍-GHK제
이 좀 더 터프한 느낌에 실전적인 모
이라고 평가했던 최 대표만 바이퍼에
을, 라텍-GHK에 10점을 주었다.

최종 평가

종 평가는 반동과 집탄성에 좀 더 점
를 받았던 바이퍼의 승리였다.

점 기준 180점에 바이퍼 HK416이
160점, 라텍-GHK URG-i가 149

점을 기록했다.

솔직히 말한다면 바이퍼가 아무래도 200~300달러 정도 더 비싸다는 것을 감안한다면 당연한 결과라고 볼 수 있을 것 같다.

다만 이것은 내부 노말 기준으로 제품마다 어느 정도 편차가 있다는 것을 감안해야 하며 특히나 GHK계열 제품의 집탄성이 악명 높아 커스텀 업체인 TNT사의 커스텀 챔버 및 바렐시스템을 적용하면 상당히 개선된다는 점을 고려해 보면 충분히 집탄성 문제는 충분히 극복할 수 있을 것으로 생각된다.

두 제품 모두 완성도가 높고 작동성이나 신뢰성, 반동 모두 충분히 다른 메이커 제품들에 비해 만족할 수 있는 수준이기 때문에 사실상 개인 취향에 따라

선택의 결과가 달라질 수 있다고 본다.

차후 관련기사 영상을 보면 알겠지만 테스트에 참가했던 홍회범 편집장이나 최민성 대표 모두 소유하기 위해 실제로 두 기종 중 하나를 선택한다면 모두 라텍-GHK URG-i를 선택한 것을 봐도 이번 평가의 결과와 상관없이 개인 선호도와 취향에 따라 선택의 여지가 확실하게 갈릴 수 있다고 본다.

마지막으로 참고삼아 언급한다면 이번 테스트는 HPA를 기준으로 한 것이다. 만약 노말 탄창에 국내에서 구하기 용이한 블랙퍼프디노를 사용해 테스트 한다면 결과는 충분히 달라질 수도 있다는 점을 유의 하도록 하자.

가스블로우백
GAS BLOW BACK

제원

길이: 555/340mm
무게: 1.5kg
탄창: 22연발
인너배럴 길이: 150mm
사용탄: 6mm BB

▶ 건케이스가 기본 포장으로 딸려온다. 한 때 이런 총들이 제법 있었는데 요즘은 많이 줄어든 느낌.

촬영협조: 하비스튜디오 (https://smartstore.naver.com/hobbystudio)

MODIFY
PP-2000

서방세계에 MP7이 있다면, 러시아에는 PP-2000이 있다. 실제로 PP-2000은 MP7에 어느 정도 대항의식을 품고 만든 것 같지만, 동시에 MP7이나 P90같은 비슷한 시기(PP-2000도 2000년대 초반, 즉 2004~2006년 무렵부터 실전배치)의 서방측 최신 SMG들과는 개발 및 운용 개념이 아무래도 다르다.

MP7이나 P90은 원래 NATO가 80년대에 시작한 PDW(개인방어화기) 사업의 산물이다. 소총보다 훨씬 작고 휴대

가 편하면서 동시에 반동도 낮고, 그러면서도 최소한 방파편복 정도는 뚫을 수 있는 수준의 관통력을 가지면서 200m의 유효사거리까지 달성하려다 보니 4.6mm나 5.7mm같은 신종 탄약의 개발로까지 이어졌다.

반면 PP-2000은 좀 다르다. 러시아는 PDW라는 개념을 AKS-74U로 상당부분 해결하다보니 NATO와 같은 PDW 사업의 필요를 별로 느끼지 못했다. 반면 특수부대 및 경찰 대테러부대용의 SMG에 대한 수요는 적게라도 있고, 그

래서 PP-2000도 이런 특수목적 SMG의 용도로 개발되었다.

이처럼 처음부터 소규모의 특수용도로 만들어질 총이다 보니, 사용 탄약도 예 새로 만드는 모험은 하지 않았 PP-2000에 사용되는 탄약은 지난 1년간 쓰이면서 세계 표준으로 확립 9×19mm다. 러시아군도 대략 20년 전부터 권총탄으로 쓰기 시작한 탄이 러시아군 및 경찰 입장에서는 없던 탄 따로 도입해야 할 이유가 없고(사실 리 경찰특공대도 MP7A1을 도입하면

◀ 장전손잡이는 G36처럼 좌우 원하는 방향으로 꺾을 수 있는 방식이다. 가늠쇠는 딱 AK처럼 상하는 나사식으로 전용 공구를 이용해 돌려서, 좌우는 전용 공구로 밀어서 맞추는 방식이다. 가늠쇠 아래의 핀은 소음기 장착시 더 들어가지 않게 적정 위치를 맞춰주는 것.

▲ 건케이스 내부는 나름 패딩도 잘 되어있다. 유저가 알아서 뜯어 공간을 확보할 수 있는 격자무늬 처리도 되어있어 나중에 옵션등을 추가할 때 편리하다.

약 수급 때문에 꽤 애를 먹은 적이 있다), 개발진도 이미 특성이 잘 알려진 탄라 개발에 애를 먹을 이유는 없었으니 름 원-원이라 하겠다.

론 9×19mm는 사거리나 관통력등에 한계가 분명히 존재하지만, 러시아는 ×19mm의 규격 자체는 유지하면서 두를 경량화하고 강철제 관통자를 내하는 등으로 탄속과 관통력을 높인 신탄 7N21을 개발해 이 문제를 어느 정극복했다. 최소한 관통력만큼은 5mm나 5.7mm와 큰 차이가 없다는데,

사거리나 반동은 좀 불리하겠지만 어차피 근접전용 소형 SMG로 개발된 만큼 큰 문제는 없을 듯?

어떤 면에서는 MP7보다 더 나은 점도 있다. MP7과 달리 단순 블로우백을 채택, 아주 단순한 구조로 마무리될 수 있었다. 야전에서 '막 굴릴' 작정이면 아무래도 이 쪽이 더 낫지 않을까. 휴대성도 이 쪽이 더 낫다.

모디파이 PP-2000

이걸 2021년에 대만의 모디파이가 에어

소프트로 재현했다. 사실 이 총은 러시아 외에 아르메니아 정도나 쓰는 마이너 총기이지만, 쓰는 곳은 매우 적은 총임에도 불구하고 독특한 스타일 덕분에 인터넷에서는 실제 보급된 수준보다 훨씬 지명도가 높아진 총이기도 하다.

하지만 이게 과연 에어소프트로, 그것도 저가격이 아니라 실총에서 폴리머 아닌 부분은 금속으로 재현한 올메탈의 하이엔드 GBB제품을 재현할만한 가치가 있는지는 또 별개 문제다. 아무리 대만이라도 이 정도 제품을 만드는데는 금형값

가스블로우백
GAS BLOW BACK

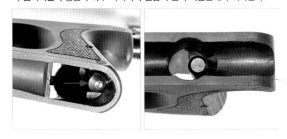

▲ 가늠자는 거의 예의상 달아준 것 같은 아주 단순한 형태. 그래도 없는 것 보다는 훨씬 낫다. 러시아에서도 유저들은 대부분 도트사이트등의 옵틱을 주로 쓰니 이건 백업용이라고 봐야 한다.

◀ 조정간은 AK처럼 안전-연발-단발 순서로 조작한다. 재미있는건 마킹 자체는 안전과 연발만 있고 단발은 연발 마킹의 점 세개 중 두 개가 가려지는 것으로 커버한다는 것인데. 조정간이 총에 비해 크다 보니 나온 아이디어 아닐까 싶다.

▼ 기본분해 방법은 다른 총들에서 보기 힘든 방식. 전방 손잡이 겸 방아쇠울 안에 있는 고정 레버를 앞으로 밀면 총열 아래의 고정부에 끼워진 고정 레버가 움직이면서 총열과 하부 리시버의 결합이 풀려 기본분해가 시작된다.

만 해도 상당한 돈이 든다. 과연 이게 이렇게 낼 만큼의 시장성이 있었을까.

실은 있다. 전 세계로 따지면 원가 뽑기 어려울 수 있지만, 러시아 에어소프트 시장까지 생각하면 이야기가 달라지기 때문이다. 러시아 에어소프트 시장은 규모 자체가 거대하지는 않으나 꽤 고가의 모델들이 꽤 일정한 매출을 유지하는 시장이고, 러시아제 총기를 재현한 에어소프트 제품의 매출 비중이 특히 높다. 지난 10여년간 러시아 사회의 민족주의/국수주의 바람이 강해지면서 현지 에어

소프터들 중에도 자국산 총기를 고집하겠다는 사람이 늘어났기 때문이다.

간단하게 말해 고객 충성도가 매우 높은데 그 고객들이 돈이 많다는 이야기다. 러시아에서 에어소프트를 즐기려면 돈이 꽤 많아야 하는데 러시아는 빈부격차가 강한 나라라 돈이 많으면 아주 많을 경우가 많으니 벌어지는 현상이다.

이런 러시아 특수에 기대서 라인업을 크게 늘린 업체가 LCT다. LCT는 AK계열 제품을 유달리 많이 내는 것으로 유명한데, 전 세계로 따지면 AK계열이 이

렇게 다양하게 개발할 만큼 수요가 나지는 않지만 러시아 덕분에 안정적으로 매출이 나왔다고…

모디파이도 이런 경우가 아닐까. 아닌게 아니라 모디파이는 에어소프트 완성업체라기 보다는 커스텀 파츠 업체이고 완성품도 PP-2000외에는 전부 에어소킹 아니면 AEG다. 게다가 에어코킹/AEG 모디파이 입장에서는 이미 직접 만드는 부품과 아웃소싱 가능한 부품으로 대폭의 원가절감이 가능한 반면 PP-2000은 완전히 '쌩'으로 새로 만

▶ 총열과 고정 레버의 결합이 풀리면 상부 리시버 전체를 사진처럼 앞으로 들어올려 결합을 해제한다. 생각보다 힘 안들고 할 수 있다.

▼ 상부 리시버가 빠지면 그 다음에는 복좌용수철과 볼트캐리어를 전부 뒤로 뽑아서 분리한다. 볼트캐리어는 상부 리시버 아래에 레일처럼 끼워지니 나중에 조립할 때 신경써서 조립해주는 편이 좋다.

야 하는 점에서 원가의 차원이 다르. 즉 어딘가에서 이 원가를 부담해줄 '손'이 있어야 제품화가 가능한 상황데, 바로 러시아 시장이 그 큰 손이 되준 것 아니냐 하는 이야기다.
지고 보면 랩터의 MP443도 비슷한이스 아닐까. 러시아의 신형 제식권총라고는 해도 세계시장으로 가면 지명가 결코 높은 총이 아닌데, 그걸 풀 메 GBB로 굳이 낸 것은 러시아 시장 덕에 이뤄진 현상 아닐까.

리얼리티는 수준급

일단 리얼리티는 요즘 대만의 GBB제품들이 대부분 그렇듯 매우 높다. 덕분에 매우 독특한 이 총의 디자인을 에어소프트로도 충분히 맛볼 수 있다. 실총리포트 하기도 힘든 물건인 만큼 이런 특징은 매우 고맙다고 할 수 있다.
사실 매우 단순한 총이다. 개머리판은 그냥 옆으로 접었다 폈다 외에는 안되고 길이 조절같은 기능은 전혀 없다. 여기에 별도의 보조 그립같은것 없이 프레임에 기본 권총손잡이와 방아쇠울을 겸한

전방 손잡이가 같이 있는데, 이 전방 손잡이는 P90의 손잡이 디자인을 많이 참조한 것 같다. 하여간 뭔가 많이 달 수 있어 보이는 총은 아니지만, 여기에는 나름 함정이 있다(이건 나중에…).
그래도 요즘 총이라고 위 만큼은 레일도 짧게나마 달려있다. 레일 끝에 가늠자도 있는데, 이 가늠자는 정말 예의상 달아준 느낌이지만 가늠쇠는 또 AK처럼 상하좌우 영점조절 다 되는 물건이다.
조정간은 아주 재미있다. 이런 종류의 총에서 흔히 보기 힘든 꽤 큼직한 물건

◀▼ 볼트캐리어는 실물과 달리 위에 롤러가 있어 마찰을 최소화한다. 리코일 스프링은 가이드와 일체형인 것이 AK를 또 연상하게 만드는 부분. 볼트캐리어와 분리된 부품이기는 하지만, 아래 사진처럼 볼트캐리어에 끼운 상태에서도 자리를 잘 유지하는 편이라 분해조립이 수월한 편이다.

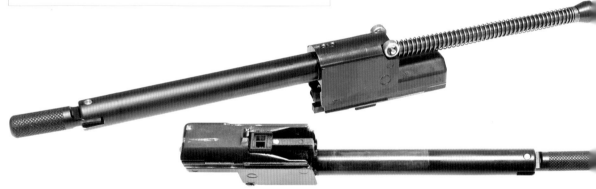

인데, 어떻게 보면 AK의 조정간을 떠올리게 하는 스타일이기도 하다. 아마 러시아의 사용자들이 이런 큰 것을 요구했을 것 같다. AK에 익숙하니 조정간도 이런 큰 것이 낫다고 생각한걸까? 실제로 AK처럼 안전-연발-단발 순서로 되어 있기도 하다.

재미있는 것은 단/연발 마킹 읽는 법. 조정간이 워낙 크니 조정간에 구멍을 뚫고 이 구멍으로 마킹을 읽는다. 그리고 단발 마킹은 따로 없고, 조정간을 맨 아래로 내리면 연발(점 세개) 마킹의 점

두개가 가려져 점 하나만 보인다. 이건 꽤 재미있고 효과적인 디자인이긴 한데, 군이 조정간을 이렇게 크게 만들어서 이렇게까지 머리를 썼어야 할까… 싶기는 하다. 뭐 결국 각자의 경험에서 오는 선택이니 평가는 각자에게.

장전손잡이는 G36의 개념을 베꼈다. 좌우 원하는 쪽으로 꺾어 쓸 수 있게 한 것인데, 뭐 총의 세계에서는 좋으면 베껴 쓰는게 흔한 일이니 이상할 일은 없다. 나름 머리를 쓴건 이 장전손잡이에 가해지는 텐션을 따로 스프링을 넣어서 주는

게 아니라 복좌용수철을 넣으면 자연럽게 주어지게 한 것. 최대한 부품 수 이려고 애 쓴 흔적이 보인다.

장전손잡이가 달린 곳은 따지자면 노쇠 끝이다. 일종의 L자형 노리쇠로, 리쇠가 총열 위로 뻗어나와 총 밖으노출되어 있고 장전손잡이는 이 부분 달려있는 것이다. 덕분에 총은 작아 노리쇠의 질량은 꽤 큰 편이다. 실총 서야 꽤 강한 7N21탄을 감당할 질량 확보하는 방법이지만 GBB에서도 충한 손맛을 제공할 수준의 볼트캐리어

▲▶ 하부 리시버. 격발기구는 기본 구조는 충실하게 재현했으나 에어소프트에 맞춰 어레인지한 부분들도 꽤 있다. 예를 들어 실총에서는 노리쇠의 후퇴 속도 조절을 위해 의도적으로 무겁고 강하게 만들었던 해머도 여기서는 에어소프트에 맞춰 소형-경량화 되었다.

▲▼ 위는 표준 개머리판. 아래는 개머리판을 뺀 다음 그 자리에 연장형 대용량 탄창을 끼워 개머리판 대신 쓰는 모습이다. 이게 과연 실용적인지는 따져봐야겠지만 재미있는 아이디어임에는 틀림없다.

을 확보할 수 있게 해 준다. 재미있는
은 위쪽에 롤러가 달려있어 원활한 작
을 가능하게 했다는 것인데, 실총에는
는 부분이다.
체적으로 보면 리얼리티에 대해 상당
신경을 많이 쓴 티는 확실하다. 심지
이 총의 가장 큰 특징인 '꿩대신 닭'
지는 '이 없으면 잇몸' 정신까지 잘 재
했다. 바로 개머리판 없을 때를 위한
이디어.
래 이 총은 개머리판 없이, 뒤쪽에 탄
을 꽂아 개머리판 대신 쓸 수 있게 되

어있다. 원래 개머리판 없이 쓸 생각으
로 설계했다가 그래도 개머리판 정도는
있어야겠다 싶어 추가한게 아닌가 싶은
데, 아마 은닉성이 아주 중요한 임무에
는 개머리판도 없이 아주 얇은 상태로
휴대하고 다니고 쓰다가 연발 사격등 안
정성이 필요한 상황에는 탄창을 꽂아서
개머리판 대신 쓰라… 뭐 이런 생각으로
디자인한 것 아닐까.
다만 이 아이디어는 연장형 탄창(에어
소프트에서는 56연발, 실총에서는 44연
발)을 꽂아야 실현된다. 기본형의 22연

발 탄창(실총에서는 20연발)도 꽂을 수
는 있으나 솔직히 꽂아서 개머리판 대신
쓰기는 너무나 짧다. 하여간 정말 좋은
아이디어인지는 좀 애매하지만, 어쨌든
재미있는 아이디어임에는 틀림없다.

액세서리는 정말 '전용'
PP-2000에서 특이한 부분은 정말 이
총만을 위한 액세서리 두 가지가 준비되
어 있다는 점이다. 다른 총에는 아예 못
쓰거나, 쓸 수 있다 쳐도 나름 제약이 있
는 경우다.

▲▶ 표준 22연발 탄창과 로오오오오오오오오오오오오옹 탄창(56연발). CO2버전 탄창은 탄창에 구멍이 나고 거기에 CO2 카트리지를 끼우는 디자인이다.

▲ 홉업 조절은 사진처럼 방아쇠 뒤에 6각 렌치를 꽂아서 챔버 아래의 홉업 조절나사를 돌리는 방식으로 이뤄진다. 상부 리시버 유닛을 분리해서 직접 나사를 돌리는 것도 가능.

▲ 업체 오리지널 옵션들. 웨폰라이트와 소음기. 소음기는 국내법 준수를 위한 컬러파트 장착. 뭔가를 장착할 부동산(?)이 부족한 총이라는 사실을 잘 보여준다.

▼ 바리에이션중 하나인 OTs-216. 미국 수출까지 염두에 뒀는지 16인치 총열을 갖춘 반자동 민수용 버전이다(물론 미국 수출은 못하고 있음). 모디파이는 이것도 제품화했는데, 솔직히 이거 PP-2000 원본보다 멋있는거 아닌가? 사진은 모디파이 홈페이지에서.

아예 이 총에만 쓸 수 있는 것은 전용 웨폰라이트다. 21세기 현대에는 피카티니 레일이나 엠락등을 이용해 어떤 총에라도 달 수 있는 웨폰라이트가 너무나 당연하지만, 이 총은 그런 시대의 추세를 그냥 돌직구로 거절했다.

여기에는 이유가 있다. 이 총에는 위에 짤막하게 달린 레일을 제외하면 레일이고 엠락이고 뭔가 인터페이스를 달 공간이 없다! 하부 리시버고 뭐고 따질 것 없이 정말 뭘 달만한 공간이 없다. MP7A1도 그럴 공간이 부족하다고 유

저들에게 불만이 많지만 PP-2000과 비교하면 MP7A1은 그나마 양반이다. 그나마 침실과 부엌이 좁게나마 따로 분리된 집과, 아예 분리도 안된 완전한 원룸을 비교하는 느낌이랄까? 워낙 공간이 없으니 어디에 레일을 붙여도 곧바로 조작과 사격이 방해받는 느낌이고, 전방 손잡이는 아래가 뚫려 있지 않으면 기본분해도 못하니 뭔가 아래에 달 방법도 없고 없앨 수도 없다. 한마디로 뭐 하나 없애거나 바꿀 여지도 없는 미친듯이 컴팩트한 디자인이

다 보니 어쩔 수 없는 것이다.

그래서 웨폰라이트는 전방 손잡이 아래에 끼우는 방식이고, 레이저 사이트는 달게 된다면 상부 레일에 달아야 한다. 여기서는 소개 안했지만 러시아에서 쓰는 실총용 레이저 사이트는 위에 달기는 달아도 위쪽의 조준선은 가리지 않게 디자인된 형태로, 다른 레이저들을 단다면 조준에 방해가 된다. 만큼 갑갑하다면 갑갑한 총이다. 모디파이는 이 웨폰라이트도 액세서리로 발매했는데, 3개의 CR-123 배터리

▲ 컬러파트 없는 상태(모디파이 홈페이지 사진)의 소음기.

▲ 웨폰라이트는 LED라이트로, 3개의 CR-123 리튬배터리로 구동되며 리모트 스위치까지 달려있다. 고정은 손잡이 안쪽에 끼운 다음 라이트 내부의 고정쇠를 펴서 고정하는 방식이다.

▶▲ 전용 홀스터. 사파리랜드용 어태치먼트에 장착 가능하며 총 본체의 멜빵고리를 부속된 QD타입 멜빵고리로 바꾼 다음에 쓸 수 있다.

◀ 가늠쇠 아래에 있는 핀은 소음기에 튀어나온 돌출부를 위한 것이다. 이 돌출부는 소음기가 필요 이상으로 조여지는 것을 막는 한편으로 풀 때 힘을 주기 쉬운 지탱점으로도 작용한다. KAC의 QD타입 소음기에서 보이는 아이디어를 빌려온 것.

지는 꽤 본격적인 물건이며 리모트 위치도 달려있다.

다른 액세서리로 모디파이가 발매인 것이 소음기다. 이 소음기는 가장 반적인 14mm 역나사로 끼워지는 식이니 다양한 다른 총에도 달 수 … 으면 좋겠는데, 실상은 그리 쉽게 하기는 어렵다.

제는 여기에 PP-2000에 달 때에만 수 있는 돌출부가 있다는 점이다. 부분은 장착된 상태에서 헛돌지 않 하는 역할, 그리고 풀 때 더 쉽게 풀

수 있는 지탱점 역할을 동시에 수행하는 요긴한 부분이지만 이 부분이 튀어나온 탓에 총에 따라서는 못 달 수도 있다.

마지막 전용 액세서리가 전용 홀스터다. 사파리랜드용 어태치먼트에 호환되는 카이덱스제터로, QD멜빵고리로 멜빵고리를 바꿔야 장착 가능한 액세서리다(PP-2000용 QD타입 멜빵고리는 홀스터에 부속). 워낙 컴팩트한 총이라 홀스터에 넣고 권총처럼 휴대해도 자연스러우니 부무장처럼 써

도 좋을 듯?

하여간 PP-2000은 흔하지 않다는 그것 하나만으로도 충분한 소장가치가 있는 제품이다. 실용적인 측면에서 봐도 에어소프트 게임에서 휴대성 있는 무장이 필요한 분들에게 충분히 매력적인 제품이 될 수 있다. 실사격 성능도 꽤 좋은 평가를 받는 듯 하니, 이런 종류의 SMG물을 GBB로 원하던 분들에게는 구할 수 있다면 좋은 선택이 되지 않을까.

가스블로우백
GAS BLOW BACK

VFC
GLOCK45

글: 김광민(smed70@gmail.co.
사진: 홍희범

▶ 포장은 글록 정식 라이센스 제품이라는 사실을 아주 분명하게 밝히는 디자인. 기왕이면 글록 실물 건케이스에 포장되어 나오면 좋겠지만 그것까지는 어려웠나보다.

어소프트건 업계에서 글록 시리즈는 사실 콜트 M1911 계열과 베타 M9 계열과 더불어 초 인기 베스트셀러 중 하나이다.

집부 주: 사실 글록은 원래 해머가 는 디자인 때문에 GBB, 즉 가스 블로우백으로 만드는데 기술적으로 좀 다로운 측면이 있었지만, 실총 시장 인기는 에어소프트 시장에도 금방 겨가는 만큼 업체들은 매우 빠르게

해결책을 찾아 속속 제품화시켰다실제로 가장 초기에 나온 GBB글록은 거의 GBB 역사의 초창기와 큰 차이가 없을 정도로 일찍 등장했다. 바로 1991년에 등장한 -거의 30년 전이다!- MGC의 글록 17로, 이 총이 GBB의 역사상 최초로 BB탄의 실사 성능도 준수하게 나온 GBB로 종종 간주되곤 한다)

이 때문에 현존하는 에어소프트건 업

체에서 글록을 만드는 업체보다 안만드는 업체를 찾는 것이 더 빠를 정도다. 하지만 이것은 반대로 생각하면 그 기종들이 초인기 제품들이기 때문에 업체간의 파이 빼앗기 경쟁은 굉장히 심하다고 볼 수 있다.

현재 가스블로백 글록 시리즈를 생산하는 업체는 일본에서 마루이, KSC, 마루신 등을 손 꼽을 수 있으며 대만-홍콩 등 중화권으로 눈을 돌려보면

가스블로우백
GAS BLOW BACK

▶ 박스 내부는 꽤 단촐하지만 있을 것은 다 있다. 구입 직후에는 나름 기름기가 많으니 적당히 닦아내고(너무 싹 닦지는 말고) 쓰시길.

◀ 젠5의 최대 특징인 좌우 대칭형 슬라이드 멈치도 잘 재현되어 있다. 탄창멈치도 실총처럼 좌우 위치 교체가 가능할 것 같다.

WE사와 KJW, ARMY사와 AW 커스텀, 그리고 오늘 소개할 VFC 등이 손꼽힌다.

사실 VFC의 글록은 생각보다 역사가 긴 편이긴 하지만 첫 출발은 그리고 긍정적이지만은 않았다. VFC사에서 사실상 처음 만든 글록은 당시 각인등의 라이센스를 우려해 일종의 페이퍼 컴퍼니인 스탁암스라는 이름으로 출시했으며 초기 제품들은 작동 신뢰도

와 내구성에 상당히 문제가 많았었기 때문이다.

하지만 이후 VFC사는 우마렉스사와의 실총 라이센스 계약을 통해 새롭게 대대적인 개선을 강행, 글록17 Gen3를 선보이면서 새로운 전기를 마련하게 된다. 과거 스탁암스의 악몽으로부터의 탈출인 셈이다. 이후 VFC는 Gen4시리즈를 선보이면서 진일보 시켰으며 최종적으로는 Gen5를 통해

챔버구조 변경, 스프링가이드를 통[한] 홉업 조절방식 채택 등 지금의 글[록] 표준모델을 마련하게 된다.

결과적으로는 여러 메이커중 가장 [많]은 종류의 세대별 글록 모델들을 [제품]화 시켰다.

글록45는 이러한 글록 시리즈[를] VFC가 가장 최근※에 개발해 제[품]시킨 기종으로, 먼저 발매된 글록1[7]

※2020년 기준

▼ 내부에는 L자형 6각렌치가 동봉되어 있다. 이걸 리코일 스프링 가이드의 구멍에 넣고 잘 맞춰서 돌리면 홉업이 조절된다. 총을 분해하지 않고도 쉽게 홉업 조절이 가능하다.

블랙버전이라고 보면 된다. 물론 슬라이드 전반부 서레이션 추가, 랜야드 고리가 생략되는 등 글록 19X와는 외형적으로 약간의 차이는 보이나 내부 구조는 100% 똑같다고 보면 된다. 글록 19X처럼 상부는 글록19의 컴팩트함, 하부는 글록17의 여유로운 하부 프레임과 장탄수를 갖고 있어 상당히 실용성이 높은 블로우백 기종이라 할 수 있다.

VFC 글록45의 가장 큰 특징은 역시나 충실한 실총각인 재현, 정밀하게 제작된 알루미늄 CNC 가공의 경량 슬라이드와 별도의 익스트랙터 부품화 등을 들 수 있다.
특히 제품을 잡아보면 느껴지는 것은 역시 단단하고 야무진 느낌이랄까? 마루이와는 확실히 차별성이 있는 느낌이 느껴진다.
작동은 여타 글록시리즈들과 동일

하다. 재미난 점은 외부의 물리적 안전장치가 과거 KSC처럼 이중트리거의 안전장치를 거는 방식을 그대로 채용한다는 점이다. 넘버플레이트를 안전장치로 사용하는 마루이와는 대조적인 셈이다.
격발 방식도 다른 글록시리즈들과 비슷하게 햄머와 연동된 밸브노커가 탄창의 밸브를 때려주는 신뢰성 있는 방식이다. 내부의 금속하우징과 시어등

가스블로우백
GAS BLOW BACK

❶ 아우터배럴은 실물 형태를 잘 따른 편이다.
❷ 리코일 스프링 유닛. 2중으로 되어있어 슬라이드에 가해지는 스트레스를 최소화 했다. 끄트머리의 은색 원반형 부품이 흡업을 조절해주는 부분이다.
❸ 리코일 스프링 유닛에 연동되어 흡업을 조절해주는 아우터 배럴쪽의 돌기.
❹ 아우터 배럴과 리코일 스프링 유닛은 사진처럼 연동된다. 스프링 가이드 끝의 원반(앞 페이지의 렌치가 이 곳을 돌린다)에 파인 홈을 따라 아우터 배럴의 돌기가 위아래로 움직이면서 흡업이 조절된다.

하중이 많이 받는 부품들은 다 스틸로 제작됐다.

독특한 리턴스프링가이드를 통한 흡업조절 시스템은 직접 테스트사격을 실시했을 때 상당히 신뢰도가 높은 편이었다. 특히 전용 L렌치를 갖고 다이얼을 돌려줄 때 클릭이 세밀하게 느껴지는 딸깍딸깍 거리는 작동음과 느낌은 상당히 직접적이다.

아우터 배럴은 실물과 비슷하게 틸팅 배럴을 채택했다. 하지만 최근들어 정밀사격을 즐기는 매니아들이 늘어남에 따라 오히려 별도로 제작되는 논틸팅 배럴과 정밀 인너 배럴+커스텀 흡업 고무의 튜닝이 많아지고 있다고.

실제로 야외에서 7m, 8m 그리고 20m에서 사격을 실시했다.

당시 실외온도는 27도, 사용탄은 마루이 0.2g탄, 가스는 퍼프디노 블랙 가스를 사용했다.

테스트한 제품은 메이커에서 출시 노말 상태였으며 7m에서는 A4사 즈의 종이타겟을 사용, 8m와 20m 서는 직경 30cm 가량의 스틸 원반 타겟으로 사용해 각각 10발씩 사격 측정했다.

적정 흡업을 맞춘 뒤 실외사격의 그는 생각보다 상당히 양호했다.

85mm의 짧은 인너 배럴이었지 7m에서 11cm 직경의 탄착군을 형

▲ 리코일 스프링 유닛은 플라스틱제 플러그로 슬라이드에 끼워진다. 슬라이드의 내구성과 작동성등을 고려해 어레인지된 디자인인 듯하다.

▶ 갈퀴 부분은 금속제 별도 부품으로 되어있어 리얼리티가 매우 높다.

기 때문이다.

련히 8m에서 직경 30cm 원형철판 100% 모두 명중.

m에서도 1차 사격 때는 7발을 명 70%), 2차 사격 때는 9발을 명중)%)시킬 정도의 안정적인 집탄성 보여주었다. 물론 외부환경과 습 사용탄과 가스에 따라 차이가 발 겠지만 대략적인 성능을 측정 하 데에는 문제가 없었다.

크게 손대지 않고도 훌륭한 멀티플레이어가 되는 글록45는 핸드건 전용게임, 혹은 서바이벌게임에 함께할 안정적 부무장, IPSC(International Practical Shooting Confederation, 국제 실용사격연맹)에서 진행하는 정밀 액션슈팅 등에도 최적화 된 제품으로 손꼽힐 것으로 전망된다.

가스블로우백
GAS BLOW BACK

가스블로우백
GAS BLOW BACK

▲ 슬라이드 후방 안쪽에는 블로우백 유닛을 고정하는 나사가 있다. 규격 맞는 드라이버로 돌리면 쉽게 풀리면서 블로우백 유닛 고정 플런저를 분리시킬 수 있다.

▶ 기본 분해(필드 스트리핑)은 기본적으로 글록의 잘 알려진 방식과 별 차이가 없다. 먼저 탄창을 뽑고 슬라이드를 몇 mm쯤 살짝 후퇴시킨 상태에서 분해 래치를 아래로 내리면서 슬라이드를 앞으로 밀어 분리시킨 다음 슬라이드에서 아우터 배럴/리코일 스프링 유닛을 분리하면 된다.

▼ 블로우백 유닛 고정나사를 풀면 먼저 블로우백 유닛 고정 플런저부터 떨어진다. 그 다음 블로우백 유닛을 들어낸다. 갈퀴를 잃어버리지 않게 주의.

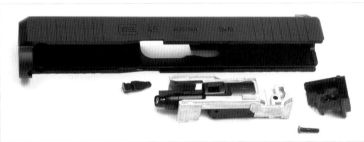

▼ 블로우백 엔진은 대부분 메이커의 글록과 큰 차이 없는 구조로 되어있지만 꽤 야무지게 만들어진 느낌이다. 피스톤 컵이 원형이 아닌 것도 마루이등과 큰 차이 없다.

▼ 슬라이드 안에 스트라이커 구조를 넣을수 없는 노릇이라 해머가 프레임에 들어가는 건 마루이등 다른 GBB 글록들과 마찬가지. 하지 방아쇠 느낌은 상당히 괜찮다.

◀▼ 탄창은 G17용의 것. 젠5 특유의 연장형 밑바닥이 달려 있는 것을 알 수 있다.

▲ 기온 27도라는 나름 높은 온도에서 테스트하기는 했지만 그래도 작동 성능은 매우 안정적이었다. 괜히 높은 평가를 받는게 아닌 듯.

▼ 실사격 결과. 7m거리에서 11cm의 탄착군을 기록했다. 미개조 노말 상태에서 이 정도면 상당한 수준인 듯. 20m 거리의 30cm 지름 표적에 대해서도 꽤 의미있는 수준의 명중률이 나온다. 85mm의 짧은 인너배럴로도 이 정도 성능이 나오는 것은 매우 고무적인 결과이다.

가스블로우백
GAS BLOW BACK

▶ 특별할 것 없는 종이박스 포장이지만 디자인은 깔끔하다. 요즘 대만 에어소프트 포장은 나름 괜찮아진 느낌.

GHK
촬영: 홍 희 범
촬영협조: 하비스튜디오 (https://smartstore.naver.com/hobbystudio)

G17 GEN3 GBB

지난 9월, GHK가 GBB 글록 17을 발매했다. 그런데 젠3이다. 이미 젠5가 실총으로도 나왔고 에어소프트로도 나온지 꽤 됐는데 3세대는 좀 뒷북(?)처럼 보이는 면이 있다. 그럼에도 불구하고 이번 GHK버전의 발매는 많은 사람들에게 큰 기대를 모았다.

왜 굳이 젠3 글록을 내놨을까. 아마도 차별화 때문 아닐까. 젠3~5 모두 제품화는 됐지만 최근에는 아무래도 젠4와 젠5를 내놓는 업체들이 많다. 그러다 보니

GHK는 젠3을 내놓는 것으로 나름 클래시컬하게(글록에 클래식이라는 말을 붙이는 자체가 어색하기는 하지만) 화제를 모으려 한 것 아닐까.

글록의 젠3은 오늘날 우리가 글록에 대해 떠올리는 이미지를 굳힌 총이라 해도 과언이 아니다. 본지 독자 여러분 대부분이 떠올리는 글록이 바로 젠3 혹은 그 이후 버전들일테니 말이다. 특히 1998년에 나온 젠3은 가장 먼저 피카티니 레일을 표준 장비한 권총들 중 하

나여서 업계에 끼친 영향도 크다. 무엇보다 젠3가 피카티니 레일을 표준 장착한 것이 그 이전까지 업계에 난하던 권총용 액세서리 장착 레일의 격을 천하통일하는 계기가 된 것도 놓을 수 없는 특징이다.

게다가 젠3는 아직도 생산이 계속도 있다. 젠5까지 나온 마당에 글록이의 생산을 멈추지 못하는 이유는 □ 캘리포니아 시장 때문이다.

캘리포니아 주에서는 주 정부의 승□

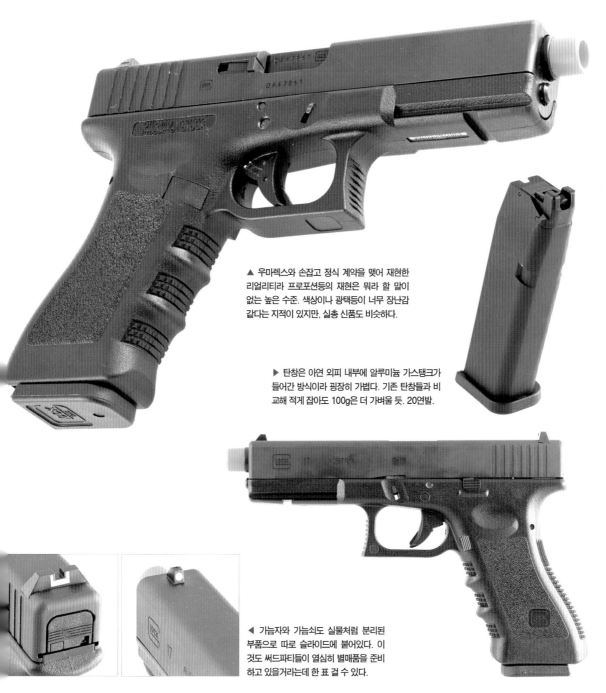

▲ 우마렉스와 손잡고 정식 계약을 맺어 재현한 리얼리티라 프로포션등의 재현은 뭐라 할 말이 없는 높은 수준. 색상이나 광택등이 너무 장난감 같다는 지적이 있지만, 실총 신품도 비슷하다.

▶ 탄창은 아연 외피 내부에 알루미늄 가스탱크가 들어간 방식이라 굉장히 가볍다. 기존 탄창들과 비교해 적게 잡아도 100g은 더 가벼울 듯. 20연발.

◀ 가늠자와 가늠쇠도 실물처럼 분리된 부품으로 따로 슬라이드에 붙어있다. 이 것도 써드파티들이 열심히 별매품을 준비하고 있을거라는데 한 표 걸 수 있다.

은 권총만 민간 판매가 가능한데, 록은 젠3까지만 승인을 얻었기 때문 다. 캘리포니아만 따져도 민수 총기 장 규모가 다른 나라들과는 비교가 되는 수준이다 보니 어쩔 수 없이 생 이 지속되는 것인데, 덕분에 젠3는 앞 로도 단종되기 힘들다.

여간 이처럼 여전히 나름대로 우습게 기 힘든 젠3, GHK는 정말 '영혼을 어모아' 재현했다. 슬라이드는 스틸 CNC가공이고, 심지어 프레임도 '오

버몰딩', 즉 주요 금속부품이 삽입된 채 성형되는 실총 그대로의 가공법을 도입 했다. 물론 각인이 실총같은 타각(찍어 놓은 각인)이 아니라는 등의 지적은 있으나 글록과의 정식 계약을 통해 공법 상의 리얼리티까지 신경쓴 외관 재현은 어쨌든 '레전드'소리를 들을 만하다.

격발기구까지 재현!

하지만 외관 재현의 신박함은 2020년 대에는 놀랄 일은 아니다. 진짜 신박한

부분은 격발기구다. 격발기구까지 실총 을 최대한 따라했기 때문이다.

GBB글록의 격발기구는 해머식이 될 수 밖에 없다는게 통념이었다. 슬라이드에 격발기구가 들어가는 실총과 달리 좁은 프레임에 들어갈 수밖에 없는 GBB에서는 결국 싱글액션 해머식으로 가는 타협이 불가피하다고 본 것이다. 적어도 지난 20여년간은 이 통념을 절대로 못 깰 것 같았는데, GHK가 깨버렸다!

▶ 갈퀴도 별도 부품으로 재현. 젠3부터 사용된, 장전됐을 때 많이 튀어나와 만지는 것 만으로 쉽게 장전상태를 느낄 수 있는 갈퀴를 재현했다.

물론 실총처럼 슬라이드에 뭐가 들어가지는 못한다. 블로우백 엔진 들어갈 자리 빼면 뭘 못 넣으니 말이다. 하지만 프레임 내장형 격발기구로도 실총의 스트라이커 세이프 액션을 어떻게든 재현했다는 그 자체가 놀랍다.

해머는 없고, 스트라이커에 해당하는 노커가 슬라이드를 당기면 뒤로 후퇴한다. 방아쇠를 당기면 트리거 바에 밀려 노커가 아주 약간 더 후퇴하고, 방아쇠가 맨 끝에 도달하면 노커와 트리거 바

의 결합이 디스커넥터에 의해 풀리면서 노커가 전진한다. 그야말로 실총의 세이프 액션을 기막히게 재현한 셈이다.

신기한건 이렇게 만들었는데도 내부 부품들이 차지하는 부피가 기존 해머식보다 결코 커 보이지 않더라는 것. 그동안은 스트라이커 방식은 필요한 내부 공간이 커서 프레임에 들어가야 하는 에어소프트의 세계에는 재현이 어렵다는 것이 상식이었는데, 그걸 GHK가 깨버린 것이다. 딱히 프레임을 일부러 키

웠다거나 하는 느낌도 없고, 기존 에어소프트 격발기구의 풋프린트를 최대한 유지하는데 성공했다.

방아쇠의 느낌은 어떨까. 방식이 실총 같은 만큼, 느낌도 실총같다. 해머 방식(에어소프트 글록은 전부 싱글액션)면 방아쇠를 당길 때 딱히 저항이 없다가 뭔가 떨어지는 느낌이 나는 그 순간이 곧바로 격발 순간이다. 반면 글록 방아쇠는 마지막 순간에 뭔가 걸리는 느낌이 나다가 딱 떨어지면서 격발

▶ 분해의 시작은 탄창 뽑고 프레임의 분해 스위치를 내리면서 슬라이드를 앞으로 뽑으면 된다.

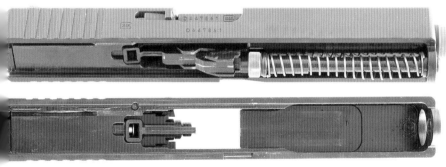

◀ (위) 아우터 배럴과 리코일 스프링이 모두 끼워진 상태. 리코일 스프링 가이드 뒤에 고무로 된 버퍼(완충 쿠션)가 있다. (아래) 슬라이드는 스틸 CNC 가공이라 리얼리티가 아주 높다. 블로우백 유닛이 차지하는 공간은 기존 GBB제품들에 비해 상대적으로 커진 느낌이다.

뭐지는 느낌이다. GHK도 이런 느낌이 매우 비슷하다.

○에도 설명했지만, 실총도 에어소프트 : 글록은 공이(에어소프트라면 노커) ○ 일단 슬라이드에 밀려 뒤로 코킹된 ○태가 되지만 그래도 마지막의 아주 ○은 간격은 방아쇠에 의해 뒤로 밀렸 ○가 떨어진다. 격발 직전에 뭔가 걸리 ○ 느낌이 나는건 바로 이 '뒤로 밀리는' ○간일 것이다.

○총에서 이 부분은 익숙하지 않으면

기존 권총 감각으로 쏠 때 위화감이 꽤 느껴지고, 그 때문에 초기에 이게 싫다는 사람도 꽤 많았으며 지금도 가장 호불호가 갈리는 부분이다. 그런데 GHK는 이것까지 재현했고, 심지어 방아쇠 압력(약 2.8kg)도 실총과 같다.

문제는 실총에서도 이 느낌을 최소화하는 쪽으로 방아쇠를 튜업하는 사람이 아주 많은데, GHK의 경우 아무래도 실총보다 더 축약된 메카니즘이라 그런지 마지막 직전의 '걸리는' 느낌이 실총보

다 좀 더 센 느낌이 든다. 압력 그 자체는 실총과 같을지 몰라도, 실총이라면 강력한 공이 스프링 때문에 발생할 압력이 에어소프트에서는 뭔가 마찰때문에 발생하는게 아닌가 하는 느낌? 실제 사용에 문제가 생길 정도는 아닐테고, 또 기존 에어소프트 글록들과는 다른 느낌이 신선해 오히려 좋다고 할 사람들도 적지 않겠지만 하여간 해머 방식의 기존 글록과 확실히 차별화되는 부분임은 틀림없고 이것 때문에 싫다고

▲ 아우터 배럴도 CNC가공이라 매우 샤[프]다. 인너 배럴은 아우터 배럴 뒤에서 당기[면] 쉽게 빠진다.

◀ 인너 배럴 유닛을 빼야 챔버쪽의 홉업 조절 다이얼이 나오므로 홉업 조절 할 때마[다] 총을 분해해서 인너 배럴을 꺼내야 한다는 [점]은 꽤 불편하다.

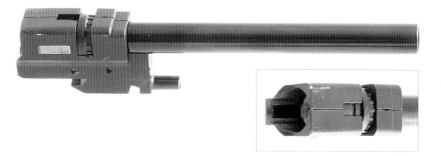

▼ 방아쇠는 코킹됐을 때는 왼쪽처럼 앞으로 튀어나오고 방아쇠를 당기고 나면 후퇴된 채 머문다. 슬라이드가 후퇴했다 전진하면 공이가 코킹되므로 다시 왼쪽 상태로 리셋된다. 이것 자체는 기존의 다른 글록 GBB들도 다 재현했지만⋯!

▲ 하부 프레임. 실총과 마찬가지로 레일등의 금[속] 구성품 상당수가 처음부터 플라스틱 안에 포함된 [형] 태로 성형되는 일명 오버몰딩 공법이 도입됐다. [일전 여기] 분에 실총을 분해했을 때 느꼈던 간지(?)가 여기[서] 도 느껴지는 듯하다.

하는 사람들도 결코 적지 않은 것은 사실이다.

종합평가
GHK글록은 2019년에 처음 발표되었다가 코로나등의 사정으로 발매가 연기된 끝에 올해[*] 드디어 모습을 드러냈다. 아직 발매된지 얼마 안된 편이라 장시간의 사용에 따른 신뢰성 문제등은 충분히 파악되지는 않았을테고, 적

[*] 2021년 기준

어도 지금까지 올라온 리뷰들에서는 내구성이나 작동 신뢰성의 문제는 보이지 않는다. 블로우백 엔진에 관해서는 격발기구만큼 타 업체와 차별화된 뭔가가 보이는 느낌은 아니지만, 상당한 대구경 실린더가 들어간 듯하다. 다만 탄창은 흥미롭다. 탄창의 무게가 기존 에어소프트 글록들에 비해 상당히 가볍기 때문이다. 얼추 100g은 빠지는 것 같은데(대략 140~150g), 이정도면 정말 실물 탄창의 느낌이 든다.

이게 내구성등의 실용성에 어떤 영[향] 을 끼치는지는 두고 봐야 알 듯하[다]. 탄창은 기존 제품과의 호환성을 염[두] 에 두지 않은 독자 규격인 듯.
사실 블로우백 엔진이 개성은 딱히 [안] 보여도 앞서 언급한 대구경 실린더 [덕] 분에 성능은 꽤 좋은 듯하다. 실사[거] 능의 이야기보다 손맛 이야기다. 필[자] 의 느낌도 그렇고, 여기저기 보이[는] 리뷰들도 그렇고 '손맛'에 대해서[는] 상당히 높은 평가를 내리고 있다. [이]

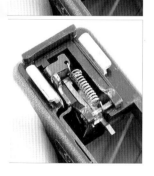

◀ (위) 공이에 해당하는 부품인 노커가 코킹되어 발사 준비 상태인 모습. 기존에 글록 GBB들에 보이던 해머는 사라졌다.

(가운데) 방아쇠를 더 당기면 트리거 바에 밀려 노커가 아주 미세하게 더 후퇴하게 된다. 다만 사진에서는 위 사진과 스프링 빼면 거의 분간하기 힘든게 아쉽다.

(아래) 방아쇠를 끝까지 당기면 트리거 바와 노커의 결합이 디스커넥터에 의해 끊기면서 노커가 전진, 격발이 이뤄진다. 진짜 실총의 격발기구를 압축해 프레임에 넣은 수준의 설계.

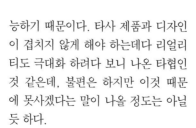

▶ (위) 이건 에어소프트와는 별개의 별매 공구들. 왼쪽이 탄창 밑바닥(매거진 플레이트)을 제거하는 스패너같은 물건이고, 가운데가 글록용 다목적 핀펀치(실총용), 오른쪽이 슬라이드를 분해한 뒤 안쪽에서 가늠쇠를 고정하는 볼트를 풀어주는 전용 렌치. 탄창 바닥 빼는데 쓰는 스패너는 그닥 효율적이지 못하다는게 사용자의 후일담인 듯.

면 실총처럼 오버몰딩을 프레임에 적용한 이유가 그냥 리얼리티 때문만이 아니라 강해진 리코일 쇼크를 감당할 내구성을 확보할 실용적 이유까지 이 있던게 아닐까? 이게 내구성에 제로 문제가 없을지 어떨지는 시간 꽤 지나 봐야 알 수 있겠다.

업 조절이라는 면에서는 아무래도 존 제품들에 비해 불편한 면이 있다 게 마이너스다. 인너 배럴에서 아우 배럴을 빼 낸 다음에야 조절이 가능하기 때문이다. 타사 제품과 디자인이 겹치지 않게 해야 하는데다 리얼리티도 극대화 하려다 보니 나온 타협인 것 같은데, 불편은 하지만 이것 때문에 못사겠다는 말이 나올 정도는 아닐 듯 하다.

종합적으로 보자면 기존 제품들과의 차별화에는 확실히 성공한 잘 만든 작품이다. 다만 기존 글록 GBB들을 '발라버릴' 끝판왕이라고 단언하기는 어렵기도 하다. 가격은 '물건에 비하면' 비싼 편은 아니지만 그래도 고가임에는 틀림없고, 또 방아쇠에 대한 호불호등을 감안하면 이거 말고 기존 글록을 사겠다는 분들도 분명 있을 것이다. 하지만 필자 개인적으로는 돈값은 충분히 하는 제품이라고 생각하며, 실총을 살 수 없는 여건에서 구할 수 있는 가장 '글록스러운' 총이라고 할 수 있겠다.

글/사진: 김광민(smed70@gmail.com)
장비협찬: H-GUNS

TOKYO MARUI
G17 GEN4

항상 만들면 업계표준이 된다는 도쿄 마루이에서 드디어 새로운 세대의 글록17이 제품으로 나왔다. 지난 5월 28일※ 일본 현지 발매를 시작한 마루이 글록17 4세대 모델은 또 다른 성공신화를 기록하고 있다. 일단 에어소프트건으로 글록은 마루이가 선발 주자는 아니었다. 마루이가 출시하기 훨씬 이전부터 지금은 전설이 된 MGC사가 본격적인 블로우백

※2020년 기준

가스핸드건을 선보인 것이 바로 글록 17 이었다(그 직후 후속작이 바로 H&K P7M13). 이후 KSC가 글록 17을 시작해 풀오토 버전의 글록 18과 다양한 종류의 글록들을 선보이면서 한동안 글록 에어소프트건의 대표주자를 자처했다.

물론 마루이가 글록 17을 출시하기 전까지는 말이다.

이후 2000년에 마루이가 글록26을 출시했지만 기본의 글록17 풀사이즈

도 아니고, 인기 있는 컴팩트 모델인 글록19도 아닌 사실상 마이크로 컴팩트 모델을 선보인 것에 대해 당시 일본현지에서는 KSC와의 제품 중복을 피하기 위한 마루이의 꼼수 정도로 해석했고 중복되는 제품 없이 마루이의 간보기 정도로만 여겼다고 한다.

하지만 이후의 행보는 전혀 달랐다.

일단 KSC도 글록26과 글록26C를 선보이며 마루이에 대응했고, 마루이는 6년이 흐른 2006년, 드디어 글

▶ 박스 디자인은 전작인 글록 19와 비슷하게 어두운 느낌이지만 젠4의 가장 특징적인 텍스쳐 패턴을 디자인화 시켜서 독특함을 꾀했다. 4세대 모델이라는 것을 크게 강조하면서 백스트랩이 4개나 들어간 것도 대놓고 자랑한다. 박스를 열면 가장 큰 특징인 교체용 백스트랩 4개가 바로 보인다. 박스가 약간 대형화된 주된 이유이다. 백스트랩은 짧은 사이즈가 M과 L 두 종류, 비버테일이 달린 긴 사이즈가 M과 L 두 종류 해서 총 4개가 있다.

7을 발매하면서 사실상 글록 전쟁에 ~어서게 된 것이다.

0여년이 흐른 지금, 사실상 글록의 :름은 누구나 예상했듯 마루이가 승 ~가 되는 것으로 끝났고 마루이는 이 ~ 발맞춰 정말 다양한 글록의 종류들 ~ 쏟아내기 시작했다.

~론 일본내에서는 KSC의 글록 시리 ~ 매니아들도 만만치 않게 있다. 헤 ~웨이트의 묵직함과 좀 더 정밀한 디 ~일, 정확한 각인 등을 이유로 쉽게

포기하지 못한다고.

글록의 대세가 된 마루이는 이후 새롭게 변화한 모습을 보여주기 시작한다. 2018년 10월에 새롭게 설계된 글록 19를 선보이면서 진화의 정점을 찍었기 때문이다.

2020년 5월에 현지에서 발매된(한국에서는 7월 22일부터 발매) 글록17 젠4는 이러한 신설계 글록19의 시스템을 그대로 이어받은 제품이다.

즉, 대구경 15mm 지름의 피스톤을

채택하여 글록19의 야무진 손맛을 그대로 이어받았고, 별도의 메탈부품으로 만든 익스트랙터, 틸팅 배럴 등을 충실하게 재현 시켰다.

하지만 글록19와 별개로 실총 글록 17 젠4와 동일하게 리코일 스프링을 더블스프링방식(사실 먼저 나온 우마렉스 글록17 젠포(4)가 이 방식을 구현하긴 했다)으로 재현시켰으며 다양한 백스트랩을 기본으로 포함시켜준 덕분에 젠4 특유의 패셔너블한 변신

가스블로우백
GAS BLOW BACK

◀ (위) 동봉된 전용공구(핀펀치)는 재질이 플라스틱이라 다양한 사이즈의 핀펀치가 있는 필자는 큰 필요성을 못 느꼈다. 하지만 신품 본체의 고정핀을 빼거나 백스트랩 세팅후 고정핀을 넣을 때 금속 핀펀치는 스틸 재질의 핀에 상처를 낼 것 같아 나도 모르게 플라스틱의 전용공구를 조심스레 이용하게 된다.

(아래) 내부 구성물들을 모두 꺼내 보면 매뉴얼과 본체, 4종류의 백스트랩, 탄창과 청소 꼬질대, 기타 추가구성물 박스에는 다른 제품과 동일한 테스트용 BB탄과 총구마개, 공탄 사격이 가능하게 해주는 팔로워 스톱 등이 들어 있지만 추가로 백스트랩 세팅용 전용 고정핀과 ○을 제거, 고정해주는 전용공구(핀펀치)가 들어 있다.

을 즐길 수 있다.

일단 글록17 젠4의 박스를 보면 확실히 디자인과 박스의 사이즈 등이 예전과는 달라진 것을 느낄 수 있다. 제4 특유의 텍스처 체커링이 박스 전체의 배경을 장식하고 있다.

사이즈가 커진 박스를 열고 내부를 살펴보면 동사의 FNX-45처럼 우측에 다양한 형태와 사이즈의 백스트랩이 위치해 있는 것을 볼 수 있다.

백스트랩도 크게 비버테일 M, L사이즈와 일반 M, L 사이즈 총 4개가 포함됐다.

재미난 것은 백스트랩들을 교환할 수 있도록 스틸재질의 백스트랩 교체용 고정핀도 박스 구성물에 포함돼 있으며 고정핀을 제거할 때 사용하라고 전용 공구(핀 펀치)도 들어있다. 다만 핀펀치는 ABS재질이니 너무 힘을 주거나 때리면 파손위험이 있다는 점을 명심해야 한다.

이외 구성물들은 다른 핸드건들과 동일하다. 테스트용 비비탄과 총구마개, 공탄사격이 가능한 매거진 팔로워 스톱, 청소용봉, 그리고 매뉴얼 등이 들어가 있다.

간단하게 슬라이드를 분해 해 보면 글록19와 거의 동일한 구성이다. 물론 ○에서 언급한 대로 리턴스프링 및 가○드는 달라졌다. 홉업방식이나 틸팅되○ 바렐 등등은 사실상 동일한 방식이다.

하부 프레임의 내부 구조도 동일하○ 다만 하부프레임에서 그립체커링

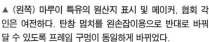

▲ (왼쪽) 마루이 특유의 원산지 표시 및 메이커, 협회 각인은 여전하다. 탄창 멈치를 왼손잡이용으로 반대로 바꿔 달 수 있도록 프레임 구멍이 동일하게 바뀌었다.
(오른쪽) 기존 마루이 글록 시리즈는 트리거 핀 위의 로킹 블록 고정핀을 프레임에 흔적만 남긴 수준이었지만 글록 19와 글록 17 젠4는 실물과 동일하게 고정핀을 재현했다. 재미난 사실은 실총 글록 17 젠5 부터는 내부 구조가 바뀌어 이 고정핀이 없어졌다는 것. 아이러니하다.

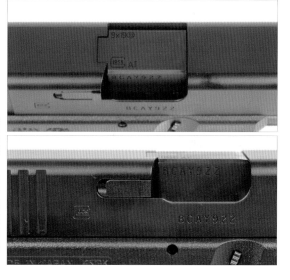

▶ (위) 챔버 각인도 잘 재현했다. 글록19처럼 장전시 챔버가 밑으로 약간 내려가는 틸팅 배럴을 그대로 채용했다.
(아래) 전작인 글록19처럼 익스트렉터(갈퀴)를 별도의 금속 부품으로 조립했다. 좀 더 나아가 다른 커스텀 업체처럼 익스트렉터를 스프링으로 살짝 텐션을 줘서 움직일 수 있도록 만들어 준다면 좋겠는데.

▶ 어떻게 보면 마루이 글록시리즈라는 것을 알려주는 마지막 정체성이랄까? 넘버 플레이트를 응용한 안전장치.

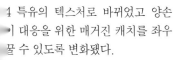

◀ 탄창은 잔탄 확인용 구멍이 좀 더 리얼해졌다. 또 탄창 멈치를 왼손잡이용으로 반대로 세팅할 경우를 위해 탄창에도 멈치용 구멍이 양쪽으로 나 있다.

특유의 텍스처로 바뀌었고 양손 대응을 위한 매거진 캐치를 좌우 꿀 수 있도록 변화됐다.
를 위해 탄창의 탄창멈치 홈(노치) 양쪽에 재현됐으며 이는 전작인 마이 글록22부터 이 방식을 따르고 었다.
스트랩 교체는 비교적 간단하다. 노 백스트랩 핀을 뺀 뒤, 하부 프레임 탄창 들어가는 구멍 뒷 부분의 백 트랩 고정 스위치를 누른 상태에서

원하는 추가 백스트랩을 세팅, 추가백 스트랩을 위한 동봉된 길어진 백스트 랩핀을 장착해 주면 끝난다. 반대로 분리시킬 때에는 핀을 제거 해준 뒤, 백스트랩 스위치를 눌러 백스트랩을 떼어내 주면 된다.

이제 실사성능을 살펴보자.
메이커에서 발표한 일본 현지 스펙은 0.2g 마루이탄+마루이가스를 기준으로 영상 30도 여름날씨 속에서 대략

평균 80m/s의 탄속을 보여주어 0.63j의 운동에너지량을 기록했다. 물론 영상 24도 정도의 실내에서 테스트시에는 대략 74m/s를 기록해 주위 온도와 환경, 사용가스에 크게 좌우 될 수 있다는 점을 명심해야 한다.
실제 반동을 음미해 본다면 항상 필자가 비교했던 마루이 가스 핸드건의 기준점은 바로 H&K USP 컴팩트 모델이었다. USP컴팩트 보다 반동이 크다, 더 날카롭다, 혹은 반동이 덜하다

가스블로우백
GAS BLOW BACK

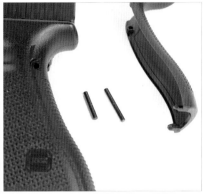

◀ (왼쪽) 백스트랩 교체는 젠4부터 시작된 대표적인 특징이다. 손에 맞는 크기의 백스트랩을 골라 교체해 주면 된다. 백스트랩을 교체하려면 일단 기존 본체에 달린 핀을 전용 공구로 빼준다.
(오른쪽) 총에서 빠진 노멀 핀(좌측 짧은 것), 그리고 추가 백스트랩용 핀(우측 긴 것).

◀ (왼쪽) 그립 밑을 보면 이렇게 백스트랩 고정 스위치가 있다.
(오른쪽) 백스트랩 고정 스위치를 사진처럼 손가락으로 눌러 새로 바꿔줄 백스트랩을 걸쳐 준다. 걸친 뒤 이대로 핀을 꽂아 본체에 결합해주면 작업은 끝난다.

◀ (왼쪽) 비버테일 M사이즈 백스트랩을 장착하고 고정핀으로 고정해주었다.
(오른쪽) 확실히 비버테일(비버 꼬리처럼 생겼다고 붙은 이름) 백스트랩을 적용하니 좀더 견고한 그립이 가능해진 것 같다. 또 슬라이드왕복시 간혹 발생하는 엄지손가락 사이가 씹히는(이 분야의 최강의 총이 바로 마우저 M712) 부상으로부터 확실히 지켜준다. 다만 휴대하다가 꺼낼때 옷에 걸릴 위험은 좀 있다.

등등. 이런 점을 볼 때 이번에 나온 글록17 젠4의 경우 사실상 USP컴팩트와 동일하거나 좀 더 반동이 강해졌다는 것을 개인적으로 느꼈다. 여러 가지 상관관계가 있겠지만 역시나 글록 시리즈의 정점을 찍었다고 해도 과언이 아닐 듯하다.
항상 그랬듯이 마루이가 만들면 업계 표준이 된다.
이 말은 이번에 나온 글록17 젠4에도 충분히 적용될 것으로 보인다. 물론 이렇게 훌륭한 플랫폼을 갖고 여러 커스텀업체가 손 놓고 구경만 하지는 않을 것이다.
좋은 품질의 알루미늄 슬라이드를 제대로 세팅해 갖고 사용한다면 아마 올해 가장 즐거움을 선사하는 가스핸드건이 될 것이다.

제원 Specification

길이 : 202mm
무게 : 712g
인너배럴 길이 : 97mm
장탄수 : 25발
재질 : ABS계열 강화 플라스틱
메이커발표 탄속 : 80m/s (영상 30도, 야외, 0.2g탄+마루이 가스 기준)

◀ 하부 프레임은 글록19와 동일하게 트리거바 등 내부 부품들이 일부 강화됐다고 한다.

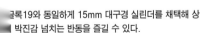

슬라이드 내부 모습이다. 슬라이드 스톱(슬라이드 멈치)이 ┌는 부분은 별도의 메탈부품으로 강화시켰다.

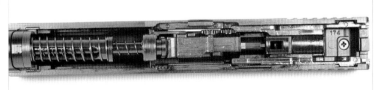

글록19와 동일하게 15mm 대구경 실린더를 채택해 상 박진감 넘치는 반동을 즐길 수 있다.

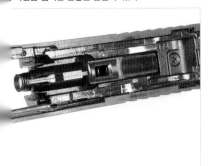

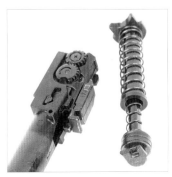

◀ 2중 홉업 및 틸팅 챔버를 적용했다. 또한 젠4 시스템의 가장 큰 특징 중 하나였던 대형 리코일 스프링 시스템을 특유의 이중 스프링+스프링가이드로 잘 재현했다. 물론 에어소프트건 특유의 고무 충격완화 장치(버퍼)를 달아 주었다. 그리고 스프링 가이드를 아우터 배럴에 편하게 조립하라고 홈과 돌출부분을 만들어 주었다.

가스블로우백
GAS BLOW BACK

제원 Specification

길이:180mm
무게:703g
높이:129mm
탄창 용량: 22발
탄속/운동에너지:60.9m/s(0.37J)
탄착군:55mm/8m(일본판 기준)

TOKYO MARUI
V10
SPRINGFIELD ARMORY
ULTRA COMPACT

1996년부터 비교적 최근까지 판매되었던 스프링필드 아머리의 울트라 컴팩트는 1911계열중 가장 작은 총들 중 하나에 속한다. 이제는 클래식이 된 콜트 오피서즈 ACP를 베이스로 한 이 총은 탄창 용량까지 6발로 줄이면서 컴팩트함을 최대한 추구하면서도 원래의 .45ACP탄은 계속 사용하는 총으로, 한마디로 PPK에 접근하는 컴팩트함과 .45ACP의 '펀치력'(그래… 그때는 다들 이게 정말 쎈 줄

믿었지)을 겸비한 호신용 권총으로 개발된 것이다. 특히 90년대에 미국 여러주에서 민간인의 권총 은닉휴대를 허용하면서 스프링필드 아머리는 이 총이 컴팩트하면서도 강력하다는 점을 홍보하면서 반사이익을 톡톡히 누린 바 있다.

이 총 자체는 단종됐지만 지금도 비슷한 컴팩트 버전 1911이 스프링필드 아머리에서 계속해서 나오고 있는 것은 컴팩트 1911에 대한 수요가 만만

찮은 것을 잘 보여주는데, 이 울트ㄹ 컴팩트 시리즈중에서도 가장 독특 바리에이션중 하나라고 할 수 있는 이 바로 V10이었다.

V10은 컴펜세이터가 '뚫려있는' ㄱ 이다. 보통 컴펜세이터라면 총구에 가를 달아서 가스를 위로 뿜게 해 구 들림을 그 반작용으로 억제하는 건인데, 이건 총구 위에 직접 구ㅁ 뚫어서 그 역할을 대신하는 매그ㄴ 트 방식이다. 처음부터 큰 구멍을

◀ (위) 스프링필드 아머리 레인지 오피서 컴팩트.
울트라 컴팩트의 후계라 할 수 있는 현행 모델이다.
총열과 슬라이드가 아주 약간 길어졌다.
(아래) 오리지널 울트라 컴팩트 V10. 가늠자가 조
절식으로 바뀌는 등 커스텀이 된 모델이다.

으면 심한 가스 누출로 인해 탄속이 너무 떨어지니 작은 구멍을 차례차례 여럿 뚫어서 효과를 얻게 했는데, V자 모양으로 총 10개(좌우 각 5개씩)의 구멍이 뚫려있으니 마치 자동차 엔진의 V자형 실린더 배열같은 느낌이라고 V10이 됐다.

사실 실총에서 나름 인기는 있었지만 그 효과가 진짜 좋은지 어떤지는 미지수다. 특히나 .45ACP는 가스압력이 높은 편은 아니어서 컴펜세이터 효과가 정말 좋은지 미지수였다. 게다가 어두운 곳에서는 슬라이드 바로 위로 불꽃이 나오기 때문에 연사시의 조준 방해도 되고, 또 위로 금속 분말등이 뿜어져 나오는 만큼 안전면에서도 썩 좋을 것은 없다. 그래서인지, 울트라 컴팩트 자체는 단종되었어도 후속기종이 나온 반면 V10은 현재 후속기종이 없다.

가스블로우백
GAS BLOW BACK

가스블로우백
GAS BLOW BACK

◀ 고무 그립은 떼어내고 다른 그립으로 대체할 수도 있어 커스터마이징이 용이하다. 클래식한 외관이 좋다는 분들은 목재로 바꿀 수도 있겠다.

◀ (왼쪽) 슬라이드 위에 구멍이 뚫려있고 그 안에 보이는 아우터 배럴에도 구멍이 뚫려있다. 매그나 포트라는 방식의 컴펜세이터로, 에어소프트에서야 역할은 없지만 20세기의 상징인 1911을 21세기의 총처럼 보이게 하는데는 아주 효과적인 액센트를 제공한다.
(오른쪽) 총구는 원래의 1911과 달리 배럴 부싱이 없이 불 배럴(아주 굵은 총열)로 슬라이드와 결합되는 방식이다.

그러나 실제 효과와는 별개로 그 독특한 디자인은 단순한 컴팩트 1911과는 또 다른 맛이 있고, 그 덕에 에어소프트로는 또 그 나름대로의 인기를 누려왔다. 아직 실총의 울트라 컴팩트가 단종되기 전인 2009년에 웨스턴암스에서 제품화되기도 했는데, 이번※에는 도쿄 마루이가 새롭게 제품화를 단행한 것이다.

※ 2020년 기준

리얼리티도 만만찮아

일단 마루이 V10은 스테인레스 버전이다. 웨스턴 암스도 블랙 버전과 스테인레스 버전을 모두 발매한 바 있지만, 인기는 스테인레스 버전이 더 높았고 마루이도 자연스럽게 스테인레스를 선택했다. 그런데 흔히 스테인레스라면 떠오르는 '은색'보다는 '회색'에 가깝지만, 이게 실은 실물과 더 비슷하다.

잘 보면 측면은 그래도 비교적 매끈하

지만 위와 아래는 거친 무광택 사양이다. 실물에서 이것은 '비용절감'의 적이다. 물론 상부는 난반사 방지 위해 일부러 무광택을 선택한 것도지만, 동시에 '굳이 매끈하게 연마해도 되면 안 한'것도 맞다. 결국 사손이 가는=비용이 들어가는 작업니 말이다. 그런데 마루이는 이걸색 작업을 통해 '일부러 재현'했다.물의 비용절감이 에어소프트의 ㅂ상승. 아주 재미있는 아이러니다.

◀ 탄창은 원래의 1911보다 실탄 한발만큼 짧은 길이(실물 6연발). 에어소프트에는 22발이 들어간다. 짧은 길이＋싱글 컬럼 탄창 치고는 꽤 들어가는 편이다.

▶ 아우터배럴은 아주 짧고 당연히 인너배럴도 짧다. 챔버도 M45A1과는 다르게 새로 설계되었다. 그래도 챔버 아래에 다이얼식 가변홉업이 달려있는 점은 기존 마루이 제품들과 큰 차이가 없다.

(왼쪽) 리코일 스프링(복좌용수철)도 짧다. 그에 맞게 1911보다 더 짧은 가이드와 플러그가 사용됐다.
(오른쪽) 슬라이드 뒤쪽에 보이는 갈퀴(이젝터) 부품도 따로 붙여서 색깔이 확실히 다르게 만들었다.

이외의 부분들도 리얼리티라는 측면에서 상당히 공을 들였다. 기능은 없지만 갈퀴(슬라이드 뒷부분에 노출도 별도 부품으로 되어있고, 방아쇠나 해머, 안전장치등은 금속제. 전체적인 프로포션도 잘 되어있고, 그립은 호그사제 랩어라운드식 그립을 재현했으며 가늠자도 노벅 사이트를 재현했다(이건 메이커 정식 계약). 그립의 경우 안쪽에 무게추를 넣어 무게감까지 재현했다.

각인도 잘 재현되어 있는데, 약실의 각인 부분도 매우 잘 재현되어 있다. 다만 슬라이드 좌측면의 영문 각인은 너무 깔끔해서 오히려 실감이 덜 나는 느낌도 있다. 실물은 타각, 즉 활자를 말 그대로 슬라이드에 찍어 낸 각인이지만 마루이는 금형 자체에 깎여있는 각인이라 너무 깔끔하다. 실물의 경우 글자의 위치별로 깊이가 달라 불규칙한 것과 아무래도 대조적인데, 프레임의 각인은 그래도 실물의 레이저 마킹

느낌을 어느 정도 재현했다(여기도 실물보다는 너무 깔끔한 느낌이지만). 영어로 브라질이라고 찍혀있어 이게 뭐지? 하는 분들도 계실텐데, 스프링필드 아머리의 1911계열 총기들은 프레임이나 슬라이드등의 주요 부속은 브라질에서 수입해 조립한다.
전체적으로 프로포션도 좋고 리얼리티 재현도 역시 높다. 너무 깔끔해서 위화감이 느껴지는 마루이 특유의 '과잉깔끔' 느낌이 없는 것은 아니지만,

가스블로우백
GAS BLOW BACK

▲ 슬라이드 내부의 블로우백 엔진은 기본적으로는 M45A1 이 베이스다. 슬라이드의 측면에 슬라이드 멈치와 닿는 부분에는 금속 인서트가 추가되어 내구성을 높이는 전형적인 마루이식 설계다.

◀ 프레임 내부. 역시나 금속 프레임이 보ⁿ 형식으로 들어가 있고, 나사로 고정되어 있기 때문에 나중에 교체하기도 쉽다.

어쨌든 잘 만든 것은 사실이다. 어차피 에어소프트건도 쓰다 보면 닳고 벗겨지고 하면서 깔끔한 맛이 자연스럽게 사라질테니 '과잉깔끔'도 어떻게 보면 문제는 아닐지도 모르고 말이다.

우수한 작동성능/실사성능

마루이 권총 하면 우수한 성능과 신뢰성의 균형이 잘 맞는 실용적인 제품으로도 정평이 나 있다. 이 총도 예외는 아닌데, 특히 M45A1의 발매 이후 여

기에 쓰였던 직경 15mm 의 대구경 실린더를 베이스로 하는 블로우백 엔진은 안정된 실사성능과 강한 손맛이라는 두 마리 토끼를 최대한 잡았다고 평가되기도 한다. 아예 1911계열이니 V10에 M45A1용 엔진을 베이스로 한 메커니즘을 넣는 것은 어떻게 보면 당연한 결과였다.

사실 컴팩트 1911이라면 마루이에서는 예전에 데토닉스를 내놓은 바 있지만, 데토닉스의 경우 슬라이드 형태

때문에 원형이 아닌 일종의 타원(ⅼ 형으로도 불린다) 실린더를 사용하였다. 하지만 V10은 그런 제약 없어 원형 실린더를 그대로 쓸 수 있었고 실린더의 왕복 스트로크는 짧지만, ㅎ려 이 짧은 스트로크로 인해 길ꞌ는 맛 없는 깔끔하고 강렬한 '손' 을 느낄 수 있다는 평가가 많다.

손맛은 그렇다 치고 실사성능은 아까. 이너 배럴이 짧아진데 걸맞게 버는 기존 M45A1의 것을 유용ᄒ

▼▶ 가늠자를 떼어내고 마루이 마이크로 프로사이트로 교체하는 것도 가능하다. 이걸 달면 작은 총인데도 의외로 어울리는 느낌이다.

▶ 블로우백 작동은 충분히 파워풀하다. 적어도 해외판은 파워 그 자체에 비해 실사성능도 좋은 편이다. 컴팩트 피스톨을 원하는 분들에게는 상당히 좋은 선택이 될 듯하다.

신 신규설계로 만들어졌다. 이 챔 덕분에 일본 암스 매거진에서 실□한 테스트(거리 8m)에서는 탄착군 55mm 나왔다. 컴팩트한 물건이□걸 깜빡 잊어버리게 만들 정도로 □히 높은 실사성능이다. 특히 짧은 □잡이에도 불구하고 고무로 된 랩어□운드 그립이 제공하는 안정된 파지 덕분에 연사가 걱정한 것 보다 편□. 파워 자체도 이너 배럴이 짧은□을 감안하면 나쁘지 않다.

탄창은 22연발. M45A1의 27발 보다는 적지만, 그래도 크기에 비해서는 여전히 꽤 많은 장탄수다. 탄창 본체는 아연합금 다이캐스트제로, 부피가 작고 얇은 탄창의 기화 효율을 제법 잘 유지한다. 실제로 겨울인 12월에 출시되었음에도 불구하고 이 총의 작동성능과 실사성능에 대해서는 호평이 이어지는걸 보면 컴팩트라고 우습게 볼 물건이 절대 아닌 듯하다.

결과적으로 보면 목업 발표부터 시작

해 벌써 몇년 단위로 시간이 흐른 뒤에야 등장한 '늦은 신제품'이지만, 오래 기다린 이유가 있는 셈이다. 이 정도 급의 컴팩트 피스톨 중에서는 정말 손꼽게 우수한 성능과 리얼리티를 겸비한 제품이라 할 수 있다.

◀ 마이크로 도트사이트(마루이 마이크로 프로 사이트)를 얹은 모습. 가늠자와 가늠쇠가 왜 다른 총들보다 높게 되어있는지 이해가 되시는지?

▶ 슬라이드 뒤쪽 위는 필요하면 마이크로 도트사이트를 장착할 수 있게 하는 커버 플레이트가 얹혀져 있다. 나사 두 개로 고정되어 있으며 6각 렌치로 쉽게 풀 수 있다.

TOKYO MARUI
FNX45 TACTICAL

사진: Steve Tsai
(본 제품은 해외 판매형입니

발매된지 벌써 넉달이 넘은 제품을 신제품이라고 하기는 좀 민망하지만, 그래도 2019년 봄에 나름 화제작이었던 제품이 마루이의 FNX45 택티컬이다.

FN사의 2000년대 권총 라인업은 솔직히 혼란하다. 1970년대까지만 해도 하이파워로 세계 권총 시장에서 큰 비중을 차지하던 FN이지만 1980년대에 하이파워의 제대로 된 후계자를 내놓지 못한 채 권총 시장을 그야

말로 SIG-베레타-글록의 3총사(?)에게 완전히 내 줘 버렸고, 90년대에 야심차게 내놓았던 파이브세븐은 결국 주류 시장에서 이렇다 할 자리를 차지하는데 실패했다.

이처럼 권총 시장에서 거의 퇴출되다시피 한 상태에서 2000년대를 맞이한 FN은 이번만큼은 뭔가 해 보겠다면서 의욕에 찬 행보를 보였지만, 이번에는 의욕이 너무 앞섰는지 2000년대 초반부터 10년도 채 안되는 시

간 동안 포티-나인 시리즈, FNP시리즈, FNX시리즈등을 잇따라 출시하면서 사람들을 정신없게 만들고 있다. 그 중에서도 이번에 출시한 FNX-택티컬은 그 근원을 '시작은 장대하으나 끝은 초라한' 미 특수전 사부/미 육군의 통합 전투용 권(JCP: Joint Combat Pistol) 프그램에 두고 있다. 원래 이 계획은 수부대의 차기 제식 권총 선정 사으로 출발했다가 미 육군 차세대

커버 플레이트를 제거한 모습. 제거를 위한 6각 렌치 동봉되어있다. 이런 식의 □□□ 장착할 자리 마련은 미□□ M17에 아예 표준으로 □□리잡을 만큼 보편화됐다.

STAINLESS STEEL

◀ 탄피배출구 뒤의 갈퀴 부품은 별도 부품으로 만들어 리얼리티를 높였다.

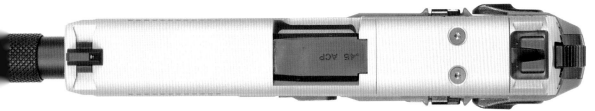

권총까지 선정될 엄청난 프로젝트다. 심지어 사용 탄약까지 .45ACP다 보니 업계의 큰 관심을 끌면서으로 9㎜ 무용론까지 불을 지피는하지 않은 효과까지 얻었다.
지만 뭔가 어마어마한 결과를 낳을 같던 이 사업은 2005년에 시작했가 2006년에 끝나버렸다는 아주시한 결말을 맞고 말았다. 그래도총을 바꾸겠다는 꿈 자체는 아예린 것이 아니라 그 뒤로도 '간보기'

를 꾸준히 하다가 마침내 2017년에 M17이 탄생했는데, 그 와중에 9㎜ 무용론이 오히려 9㎜ 대세론으로 역전하고 미 육군도 그냥 9㎜를 유지한 사실은 세상 만사 아무도 예측 못한 다는걸 잘 보여준다. 겨우 10년쯤 전에만 해도 9㎜는 곧 죽고 .45ACP가 다시 세상을 지배할 것 처럼 들썩거렸는데(플래툰도 할 말 없다)….
문제는 여기에 낚여 대박의 꿈을 꾸고 신제품을 개발했던 업체들이다.

어차피 비싼 돈 들여 개발은 했으니 JCP프로그램에 제출됐던 후보들이 하나 둘씩 민수 시장에 선보였는데 (HK의 HK45와 베레타의 쿠거가 대표적), 그 중 하나가 FN의 폴리머 프레임 권총인 FNP-45 택티컬이다. 그리고 FN은 오래지 않아 FNP시리즈를 기초로 개량한 FNX시리즈를 민수 시장에 선보였고, FNP-45 택티컬 역시 FNX-45 택티컬로 개량되어 현재도 판매중이다(참고로 현재

▶ (위/가운데) 안전장치, 슬라이드 멈치, 탄창멈치 모두 좌우 대칭이라 어느쪽에서도 동등하게 조작이 가능하다. 특히 탄창멈치는 그냥 버튼식인데도 좌우대칭이 가능한데, 실은 이런 버튼형 좌우대칭 탄창은 90년대 초반에 FN에서 만들어 미국에 브라우닝 브랜드로 수출했던 FN BDM때부터 쓰인 나름 유서깊은(?) 설정이다.
(아래) 칵&락, 즉 해머가 젖혀진 채 안전장치를 걸 수도 있다. 안전장치를 반대 방향으로 맨 아래로 누르면 디코킹이 된다. 어떻게 보면 USP의 안전장치와도 일맥상통하는 느낌이다.

◀ 총구에는 나사홈을 보호하기 위한 커버가 씌워져 있다. 가늠쇠는 소음기나 마이크로 도트사이트 장착시에도 사용이 가능하도록 가늠자와 함께 높이가 제법 높게 되어있다. 필요할 때 당길 수 있도록 슬라이드 앞에도 서레이션(슬라이드 당길때의 파지용 홈)이 추가되어있다.

FN USA의 홈페이지에 가 보면 FNP 시리즈는 아예 없어진 상태다).
FNP와 FNX는 해머 격발식 모델이다. 스트라이커가 범람하는 지금 보면 왜 해머? 인가 싶지만, 10여년 전만 해도 글록의 특허 만료 기간이 아슬아슬하게 겹치는 것+그래도 해머가 낫겠다 싶은 고정관념(SIG만 해도 P250을 결국 해머식으로 개발하면서 제대로 망한 전례가 있다)=해머격발식, 이런 경우가 적지 않았다. FNX-45의 개발

시기를 보면 아직 스트라이커로 글록에 정면 도전하는데 부담이 있던 시기는 맞다. 하지만 프레임만큼은 대세를 인정하고 솔직하게(?) 폴리머로 갔다.
사실 실총의 세계에서 HK의 VP9이나 글록, SIG P320등 스트라이커 격발방식이 파죽지세로 전술용 권총의 시장을 석권하는 중이지만 그렇다고 FNX-45같은 해머 격발식 총이 아주 죽은 것은 아니다. 스트라이커 방식에 비해 크게 위축되었다고는 해도(

일단 대세가 스트라이커로 바뀐건 이킬 수 없을 듯) 민수 시장 중심으로 여전히 무시 못할 숫자의 고객층이 존재하니 말이다.
게다가 슬라이드 안에서 직접 격발이 이뤄질 수 있는 실총과 달리 프레임이 있는 탄창의 가스 방출 밸브를 눌러 격발이 가능한 GBB의 세계에서는 총이 스트라이커 방식이라도 결국 부에 해머를 내장하는 방식이 될 수에 없고(여러 메이커에서 만들고 있

▲ 슬라이드가 후퇴할 때 총열도 약간 후퇴하면서 살짝 위로 들리는 전형적인 브라우닝식 틸트배럴 쇼트리코일을 제대로 재현.

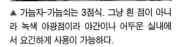

▲ 가늠자-가늠쇠는 3점식. 그냥 흰 점이 아니라 녹색 야광점이라 야간이나 어두운 실내에서 요긴하게 사용이 가능하다.

◀ (오른쪽) 백스트랩(손잡이 뒷부분)은 교체식. 총에 달려있는 것 하나를 포함, 총 4종류가 들어있다. 다만 사이즈는 두 가지. (왼쪽) 백스트랩은 고무 재질로 되어있어 쉽게 탈착이 가능하다. 아래에서부터 레일에 끼워 밀어넣은 뒤 맨 아랫부분을 세게 눌러 넣으면 되는 단순한 방식이다.

록 GBB제품도 결국 실질적인 해머 발 방식이 되었다), 그렇다면 아무래 처음부터 해머 방식으로 만들어진 을 제품화하는 편이 제품화라는 측 에서 더 유리한 것은 사실이다.

다가 FNX-45 택티컬은 요즘 유행 는 특징들은 대부분 다 갖추고 있 '폼 나는'총이기도 하다. 프레임에 제대로 된 피카티니 레일이 파여 고, 이 레일은 처음부터 액세서리 착시 프레임이 왜곡되지 않게 배려 된 설계다. 소음기 장착용 쓰레딧 (Threaded: 나사홈이 파인) 총열도 제대로 설치되어 있고, 소음기 장착 시 조준을 위해 가늠자와 가늠쇠도 조금 높다. 게다가 이 가늠자-가늠쇠의 높이는 소음기만 배려한게 아니다. 바로 마이크로 도트사이트 장착도 염두에 둔 것이다.

FNX-45는 마이크로 도트사이트 장착을 위해 슬라이드 일부분이 살짝 파여있고 그 위에 분리식 커버 플레이트가 슬라이드에 얹혀져 있다. 육각 렌치로 고정나사를 풀고 슬라이드 위의 커버 플레이트를 떼어낸 뒤 그 자리에 마이크로 도트사이트를 얹으면 되는 방식인데, 마루이는 아예 별매 에어소프트용 도트사이트인 마이크로 프로사이트를 따로 팔고 있기도 하다. 다만 슬라이드의 커버 플레이트 고정나사(4mm)와 마이크로 프로사이트 고정나사(6mm)가 따로 필요하다고 되어있는데, 커버 플레이트 고정

◀▶ 탄창을 뽑고 슬라이드를 후퇴고정시킨 뒤 분해 레버를 아래로 내리고 슬라이드를 앞으로 밀면 기본분해가 되는 점은 수많은 다른 권총들과 큰 차이가 없는 부분이다.

나사로도 고정은 되지만 실사격등에서 어떨지는 모르겠다.

FNX-45의 또 다른 특징이 바로 백스트랩(손잡이 뒷부분)의 교체다. 요즘 이 부분 안 바뀌는 총이 오히려 드물지만, FNX-45 택티컬은 이게 4종류나 들어있다. 고무 재질이라 비교적 쉽게 끼우고 뺄 수 있는데, 사이즈 자체는 M과 S의 두 종류고 각 사이즈별로 두 개의 다른 무늬가 찍혀있는(체커와 립) 디자인이다. 손 크기에 맞춰 바꿀

수 있는데, 특히 이 총은 손잡이가 굵은(.45ACP로 15연발이니…) 총인지라 이런 교체식 백스트랩은 매우 요긴하게 쓰일 수 있다.

재미있는 것은 이 총에 FN의 로고가 안 쓰였다는 것. 얼핏 FN사 로고처럼 보이는 부분이 실은 TM이라고 쓰여있다. 뜻밖에 실총 업체의 라이센스를 안 딴 것 같은데, 이걸 보면 FNX-45를 제품화한 이유가 실은 "라이센스 안 따고 생산해도 만만해 뵈는(즉 크게 시비를

걸지 않을 것 같은)"업체의 제품을 고르다 보니 그렇게 된거 아닌가?

하여간 들어 보면 무게감은 확실하다. 837g. 실총이 944g인 것을 감안하면 만만찮다. 이 무게감의 주범은 탄창. 탄창 무게가 거의 300g에 육박한다. 원래부터 무거운 아연 합금 소재의 탄창인데 .45ACP 15발용의 굵직한 것이라 특히 그런 듯하다. 이런 굵기에 걸맞게 BB탄이 무려 29발이 들어가는 점도 마음에 든다. 실물과 마찬가지

▲ 폴리머 프레임이라지만 내부에는 상당한 양의 금속제 보강 프레임이 들어있어 무게감도 내구성도 상당히 높은 편이다. 특히 보강 프레임이 프레임 끝까지 설치되어 있어 레일에 뭘 끼워도 프레임의 왜곡같은 문제가 걱정되지 않는다.

▼ 슬라이드 아래쪽. 사진에서는 알 수 없지만 실린더와 피스톤이 원형이 아니라 좌우로 넓은 타원에 가까운 형태라 도트를 얹을 자리가 나왔다. 슬라이드도 적재 적소에 금속 프레임이 보강되어 있고, 특히 슬라이드 멈치가 주로 맞물리는 자리(좌측)에 금속 보강이 되어있어 장시간의 사용에도 슬라이드가 버틴다.

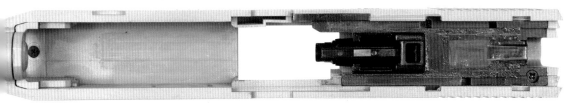

▶ 탄창은 실물이 .45ACP를 15발이나 넣는 굵기인지라 가스 용량도 크지만 그만큼 기화용량도 넓다. 다이캐스트제라는 특징과 맞물려 빠른 연사나 낮은 온도에서의 사용에 유리한 부분. 장탄수도 넓은 폭을 살려 29발이나 확보된다. 여기에 아래에는 굵직한 고무 범퍼가 있어 떨어뜨려도 어느 정도 안심이 된다.

▲◀ 배럴 부분은 전형적인 마루이 설계. 앞서 언급한대로 쇼트리코일 동작을 잘 재현했다. 홉업 조절 다이얼은 아래쪽에 있어 슬라이드를 분리한 다음 배럴 부분을 분리하지 않고도 홉업 조절이 가능하다. 리코일 스프링(복좌용 수철)은 실물과 다르지만 작동성을 생각하면 이 정도 타협은 충분히 봐줄만할 듯.

창 멈치가 좌우 대칭인데, HK의 레식과 달리 우리에게 익숙한 버튼식대로 좌우대칭화 한 점은 마음에 든다. 사격 느낌은 어떨까. 일본 현지에서측한 평균은 약 71m/s라고 한다. 업 잘 맞춰주면 30m에서도 상반신 명중시킬 탄착군이 나온다고 한다. BB는 안 맞는다는 것도 상황과 사의 실력등에 따라 다른 듯. 하여간 맞는건 사실이다. 여기에 탄창이 직해 연속 사격시에도 냉각에 의한

탄속저하가 상대적으로 낮은 편이라 안정된 성능이 나올 듯하다.
방아쇠 느낌도 나쁘지 않고, 더블액션 싱글액션 모두 괜찮은 편이다. 안전장치도 슬라이드 멈치도 모두 좌우대칭이라 왼손잡이거나 필요에 따라 원래 쓰던 손과는 반대쪽 손을 쓰는 경우에 편리하다. 손잡이가 굵어서 파지하는데 불편하다고 느낄 분들도 계시겠지만 그런 분들이라면 부속된 S사이즈 백스트랩을 이용하시면 나름 괜찮을 듯?

도트사이트 장착을 하려면 아무래도 슬라이드 공간을 전부 쓸 수는 없는데, 그 때문에 마루이는 타원형(오벌:Oval) 피스톤을 채택했다. 그 때문에 '손맛'이 좀 떨어지는거 아니냐는 의견도 있지만 그래도 무시 못할 수준이 나온다. 적어도 왕복 속도 자체는 다른 제품들과 비교해 별 손색이 없는 느낌이다. 작동 성능도 마루이답게 시원시원한 편. 전체적으로 '마루이다운'(좋은 의미에서) 총이다.

가스블로우백
GAS BLOW BACK

PRACTICAL SHOOTING MATCH
실용사격대회
가스 블로우백으로 즐길 수 있는 취미

글: 김 광 민
사진: 홍 희 범
취재협력: 에어식스
추가 정보 및 예약등의 ﹖
보는 위 QR코드 스캔!

리얼한 작동방식과 고압축 가스의 파열음에 따른 높은 발사음 등은 에어소프트건의 세계에서 가스 블로우백 시스템들이 인기를 얻고 있는 매우 중요한 이유가 되고 있다.

이런 상황에서 당연히 실총에서 즐기는 전문 실용사격분야가 에어소프트건에서도 가스 블로우백에 의해 인기를 끄는 것은 어떻게 보면 필연적인 결과라 할 수 있다.

실제로 전 세계에서 최고의 역사와 가장 많은 회원수 및 단체를 자랑하는 IPSC(International Practical Shooting Confederation:국제실용사격연맹)에서는 이미 2007년에 액션 에어(Action Air) 종목을 신설, 가스 블로우백 에어소프트건으로 IPSC 규정의 사격대회를 진행하고 있다.

이는 실총이 허용되지 않는 대다수의 국가에서 GBB(가스 블로우백) 총기를 활용해 실용사격을 연습하고 경쟁할 수 있도록 하기 위함인데, 초창기에는 홍보가 부족하고 활용하기에 적합한 장비가 많지 않아 큰 인기를 얻지 못했으나 2010년대 중반을 기으로 전 세계적으로 폭넓게 인기를 얻어가고 있는 추세이다.

규정은 실총과 동일하지만 타겟의 ﹖이즈와 사격거리, 맵의 크기는 에﹖소프트건쪽이 좀 더 축소시켜 사용﹖고 있다.

물론 기존의 에어소프트건으로 대﹖수 매니아들이 즐기는 서바이벌 게﹖에 비해 상대적으로 인기가 덜하﹖. 액션 에어 종목에서 정상을 밟고﹖는 선수들 대부분이 제한된 환경﹖

총기가 허용된 국가를 통해 실총으로 넘어가는 경우가 많아지기에 일종의 실용사격의 훈련단계로도 인식되는 것도 현실이기는 다.

지만 시간이 지나면서 일본이나 한 등 실총 허용이 아예 안되는 국가 중심으로 점차 인기를 얻어가면서 강 동호인 인구가 늘어나고 있으로 특히 한국의 경우 제대로 된 서바 게임장이 많지 않은 점과 건 콜 는 많은데 이를 즐길 수 있는 장

소가 부족한 상황에서 최근 2~3년 간 이를 즐기거나 배우는 인구가 부쩍 많아 진 것이 특징이다.

이를 증명하듯 한국에서는 서울을 포함한 수도권은 물론 전국 광역도시를 중심으로 이렇게 전문적인 실용사격을 즐길 수 있는 사격장이 점차 늘어나고 있는 추세이다.

이들 사격장들의 특징은 기존의 사격장처럼 고정된 사대를 활용한 사격이 아닌 넓은 오픈된 공간을 활용, 바닥에는 단단하지만 충격흡수에는 강한

하드 우레탄폼 타일을 세팅해 그대로 떨어뜨리는 탄창이 손실을 막아주고 각종 다양한 펜스와 타겟들을 활용해 사용자들이 익히고 싶은 맵을 구현해 다채로운 맵의 연습을 추구할 수 있다는 큰 장점이 있다.

물론 각 사격장마다 사용하는 룰이 존재하기 때문에 해당 사격장들을 사용하기 전에 사전에 운영자들에게 사격장의 룰과 이용방법 등을 문의하는 것이 좋다.

참고로 한국에도 IPSC 한국지부가

가스블로우백
GAS BLOW BACK

있으며 이 단체를 통해 회원을 가입하면 처음에는 에어소프트건을 통해 연습하고 이후 실력과 경력이 쌓이게 되면 실총을 통한 훈련으로 전환시켜 주고 있다.

이밖에도 사격장이나 동호인들 중심으로 IPSC와 유사한 USPSA(미국실용사격협회)의 룰을 그대로 활용하는 곳도 있으니 참고하면 좋다.

사격대회 종목(DIVISIONS)
에어소프트건을 활용하는 실용사격의 종류는 IPSC와 USPSA가 비슷하면서도 약간 다른 차이가 있다.

여기서는 USPSA의 종목을 중심으로 설명해본다. 아래 설명은 실총을 중심으로 설명했으며 에어소프트건도 원칙적으로는 동일하게 규정을 적용받는다.

1. OPEN - 오픈 디비전은 모든 디비전 중 가장 많은 개량과 추가기능을 허용하는 말 그대로 순수 사격 경기용 제품이라고 보면 된다. 우리가 흔히 보는 도트가 달린 레이스건은 픈 디비전 장비라고 보면된다. 도사이트를 프레임에 세팅가능하고 동 컨트롤에 유리한 컴펜세이터 착, 빠른 탄창교환을 위한 맥웰, 대량 탄창 등을 사용할 수 있다.

2. LIMITED - 리미티드 디비전 경우는 오픈 디비전과 유사하지만 트사이트나 컴펜세이터가 허용도 않는 장비이다.

실용 사격은 기본적으로 홀스터에 총이 넣어 상태에서 준비, 얼마나 빠르고 정확히 총을 는가부터 경기가 시작된다. 옆의 스탭이 들고 는 것이 타이머로, 이 타이머에서 울리는 신호 으로 사격을 시작한다.

실용 사격에서 중요한 부분의 하나가 탄창교 이다. 경기에 따라 탄창교환 횟수가 아예 규정 어 있거나, 그렇지 않더라도 신속하고 정확한 창교환이 필요할 만큼 사격탄수가 나오는 경 가 많기 때문이다.

(번 기사에 사용된 사진은 영등포의 슈팅 레인 에어식스의 협조로 촬영되었습니다)

PRODUCTION – 프러덕션 디 전은 말 그대로 공장에서 나온 그 로를 경기에 활용하는 종목이라고 면 된다. 어떠한 외부 커스텀 제품 나 부품을 바꾸거나 추가 할 수 없 순수한 노말 버전을 활용할 수 있다. 때문에 처음 시작하는 초보들이 이 선택해 진입장벽을 낮추는데 큰 움을 주고 있다.

CARRY OPTICS – 캐리옵틱 디 전도 프러덕션 다음으로 인기있는 종목으로 최근 RMR등 미니 도트사 이트의 출현으로 생긴 분야이다. 하 지만 컴펜세이터와 맥웰은 여전히 사 용할 수 없으며 도트사이트도 프레임 이 아닌 슬라이드에 세팅해야 한다.

5. REVOLVER – 리볼버 디비전은 요즘 나오는 38구경이나 9mm 탄 8 발이 들어가는 리볼버를 갖고 참가할 수 있다. 미국에서는 나름 해당 선수 들이 많은 나름 박진감넘치는 분야 이기는 하지만 에어소프트건 버전에

서는 큰 인기는 없는 편이다. 다만 최 근 화산제 CO2 리볼버들의 출현으로 국내에서도 나름 재미로 즐기는 동호 인들이 점차 늘어나는 추세이다.

6. SINGLE STACK – 싱글스택 디 비전은 말 그대로 M1911 라인업들 을 위해 태어난 종목이다. 단열탄창 의 적은 장탄수로 슈터마다 다양한 전략이 나오기도 하지만 상대적으로 아직 인기는 덜한 편이다.

139

7. PCC – PCC(Pistol Caliber Carbine - 권총탄 사용 카빈) 디비전은 말 그대로 9mm 권총탄을 사용하는 카빈(주로 14.5인치 이상)을 대상으로 진행되는 종목으로 최근 MPX 시리즈등의 출현으로 인기가 늘어가는 추세이다.

실용사격에 적합한 총기는?
사실 자기손에서 잘 맞는 에어소프트 건을 고르는 것이기 때문에 각자 개인별로 정답은 조금씩 차이가 날수 있다. 하지만 대체적으로 슈팅매치에 대한 공통적인 부분 – 잘 맞고, 장전하기 편하고, 블로백 액션이 정확하고, 내구성이 좋고, 떨어뜨리는 탄창의 내구성도 좋은 – 그런 제품들이 인기가 있다.

그렇기 때문에 현재 국내에서 많은 숫자의 동호인들이 사용하는 장비들을 살펴보면 대체적으로 마루이 하이카파 시리즈, 마루이 글록 시리즈, KJW의 CZ 쉐도우2 시리즈 등을 활용하고 있으며 이 외에도 각자 개인의 손에 맞는 장비들을 사용하는 대체적으로 마루이 제품, 혹은 마이 방식의 타회사 제품 라인업들 사용하고 있다.

물론 어느 정도 내구성을 위해서 라이드와 강화리턴스프링 및 가이 강화 시어와 해머, 강화 트리거 등로 교환을 해주는 것이 일반적이다.

역사와 현황

정리: 월간 플래툰 편집부
협력: 하비스튜디오 (https://smartstore.naver.com/hobbystudio)
일러스트 출전: 암스 매거진 간행 「블로우백 랜드」 (1995)

역사와 현황

〔글: 홍희범〕

블로우백. Blow Back. 우리 말로 번역하면 '뒤로 날아가다' 쯤 되겠다. 일어로 번역한걸 보면 吹き戻し, 즉 '불어서 되돌리다'인데 하여간 뭔가 갑작스럽게 뒤로 확 가는 그런 상태를 말한다.

실총의 세계에서 블로우백은 전문적으로 들어가면 자동/반자동 화기에서 '노리쇠나 슬라이드가 폐쇄상태가 아닌 작동방식'을 뜻하지만, 비전문적으로 말할 때는 그냥 '노리쇠나 슬라이드가 후퇴하는 작동'을 뜻하기도 한다. 그리고 에어소프트의 세계에서는 '실총의 노리쇠/슬라이드 후퇴작동을 흉내내게끔 만들어진' 것을 뜻한다.

사실 블로우백은 에어소프트의 세계에서는 실용적으로 별 쓸모가 없는 기능이다. 실총의 블로우백은 화약이 터져서 탄이 발사되는 과정에서 어차피 '반동'이라는 형태로 낭비될 수 밖에 없는 에너지를 건설적인 쪽으로(=총을 작동시키는 쪽으로) 재활용하는 방법이라 그것 때문에 추가로 화약을 더 쓰거나 하지는 않는다.

하지만 에어소프트의 세계에서는 반대다. 블로우백을 하려면 BB탄의 발사와는 별개로 추가적인 에너지를(심지어 대량으로) 더 써야 한다. 게다가 실총에서 블로우백 작동구조는 어차피 연속사격을 위해 필수적인 경우가 많지만, 에어소프트의 세계에서는 필요가 없거나 필요하더라도 훨씬 작은 규모만 있

어도 충분한데 '실총처럼 보이게 하기 위해' 작동 그 자체를 위해서는 불필요한 수준으로 거창한 규모로 부풀려져 있는 경우가 일반적이다. BB탄의 재장전을 위해 블로우백 작동이 필요하다 쳐도, 실총과 같은 크기의 슬라이드나 노리쇠를 움직이게 할 실용적인 이유는 없다는 이야기다.

한마디로 BB탄의 발사라는 기능에만 집중해서 보면 현재의 블로우백은 '낭비'다. 하지만 이미 에어소프트라는 장르 자체가 'BB탄의 발사만을 위해' 존재하는게 아니다.

총을 즐기고 싶지만 실총을 구할 수 없거나 실총의 위험성은 피하고 싶을 때를 위해 존재하는 '대리만족'에 훨씬 가까운 존재가 되어버린다. 그런 의미에서 보면 에어소프트의 블로우백은 반대로 중요한 요소가 되어버린다.

실제로 현재의 에어소프트 시장에서 블로우백이 되는 제품의 비중은 어마어마한데, 그것들의 절대다수는 가스 블로우백, 즉 GBB제품들이다. 액화 가스를 충전해서 그것이 기화될 때 발생하는 압축 가스의 힘으로 블로우백 작동을 일으키는 것이다(종종 HPA, 즉 압축공기를 따로 연결해서 쏘기도 하지만 그건 또 다른 이야기고). 따라서 이 책에서는 그냥 블로우백이 아니라 가스 블로우백만 따로 다루기로 했다.

가스 블로우백만 있는 것은 아니다. 스프링의 힘을 빌린 스프링식 블로우백이 없는 것은 아니고, 모터의 힘을 빌린 전동 블로우백도 있다. 하지만 스프링식 블로우백은 블로우백, 즉 슬라이드나

노리쇠가 뒤로만 가고(혹은 앞으로만 가고) 그 반대 방향으로는 사람의 손으로 되돌려 줘야 하는 경우가 거의 대부분이라 불편해 보편적으로 보급되지 못했다. 전동 블로우백의 경우는 대개 라이플이나 SMG급의 '큰 놈'에서 가능하고, 또 액션의 박력이 부족한 경우도 많다. 물론 전동 블로우백 중에도 진짜 제대로 만들어진 것들이 있지만, 그런 것들은 구조가 복잡하고 가격도 비싼 경우가 많은 점이 걸린다.

결국 블로우백 제품의 절대다수는 가스 블로우백으로 수렴하게 된다. 가스 블로우백은 핸드건 급의 작은 크기에서도 쉽게 구현되는데다 전동에 비해 상대적으로 구조가 단순한 편이고 형태의 제약도 훨씬 덜 받는다. 게다가 실총과 유사한 구조(실총으로 개조하기 쉽다는 이야기는 절.대.로. 아니다!!!)나 액션을 재현하기도 훨씬 쉽고, 블로우백 작동의 박력도 '진짜가 아니라는' 점을 감안하면 상당한 수준인 경우가 많다(=손맛이 좋다').

물론 가스 블로우백이 지금 수준으로 발전한 것은 하루이틀로 된 것은 아니다. 가스를 이용해 BB탄도 발사하고 블로우백 작동도 가능하게 한다는 것은 절대 쉬운 일은 아니다. 가스 누출의 문제, 최소한의 가스만으로 BB탄도 쏘고 블로우백 작동도 가능하게 하는 문제, 메커니즘의 부피를 최소한으로 줄이는 문제, 너무 복잡해서 고장이 쉽게 나지 않게 단순화하는 문제… 등등, GBB가 상품으로서 발전하는데는 많은 난관이 산적해 있었다.

하지만 '늘 그렇듯 우리는 답을 찾을 것'이었고, 실제로 찾아왔다. 오늘날 우리가 즐기는 가스 블로우백 제품들은 수십년에 걸친 시행착오의 산물이지 그냥 툭 떨어진게 아니다.

〔마루이 M59〕

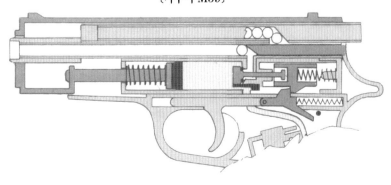

가스가 없을 때는 스프링의 힘에 의해 슬라이드가 늘 퇴한 상태로 머무른다. 가스가 들어가면 인너배럴 C 에 있는 실린더에 가스가 들어가 비로소 슬라이드가 그림처럼 전진하며, 이 때 BB탄도 챔버로 들어간다.

시작은 마루이???

여기서 흥미로운 부분: 세계 최초의 6mm BB탄 사용 가스 블로우백 제품은 도쿄 마루이가 처음 만들었다! 적어도 현재까지 알려진 것으로는 그렇다. 1986년에 일본 도쿄 마루이가 가스 블로우백 방식의 스미스&웨슨 M59의 가스 블로우백 제품을 만든 것이 시초라고 봐야 하기 때문이다.

1986년이면 일본에 '압축가스로 발사되는 에어소프트'가 등장한지 겨우 1년 뒤의 일이다. 이제 막 가스로 BB탄을 발사하는 그 자체를 배우기 시작한 시장에 벌써 블로우백이라는 컨셉을 내놓다니, 이 시기의 마루이는 우리 생각보다 훨씬 혁신적이던 회사였던 것 같다(하긴 그로부터 불과 5년 뒤에는 전동건으로 시장의 판세를 완전히 흔들었으니…).

하지만 이게 '우리가 아는 가스 블로우백'과는 정말 많~~~~~이 다르다. 엄밀하게 따지면 블로우 '백'도 아니다. 블로우 '프론트'에 더 가깝다.

M59는 가스가 충전되지 않은 상태에서는 슬라이드가 후퇴한 채 머문다. 그러다가 가스가 충전되면 그 압력으로 슬라이드가 전진한다. BB탄이 발사되면 슬라이드 내의 가스 압력이 줄어들면서 장된 스프링의 압력을 못 이겨 슬라이드가 다시 후퇴하고, 그러면 다시 가스가 슬라이드 내에 흘러들어 슬라이드를 전진시킨다.

즉 가스가 슬라이드를 후퇴시키는게 아니라 슬라이드를 전진시키는 기묘한(지금 기준으로 보면) 방식이지만, 아직 가스를 쓰는 노하우가 훨씬 덜 발달한 당시로서는 최선 아니었을까? 그 뿐 아니라 리얼리티라는 면에서도 지금 기준으로 보면 매우 아쉬운 부분이 많은(탄창 슬라이드 안에 들어가고, 손잡이에

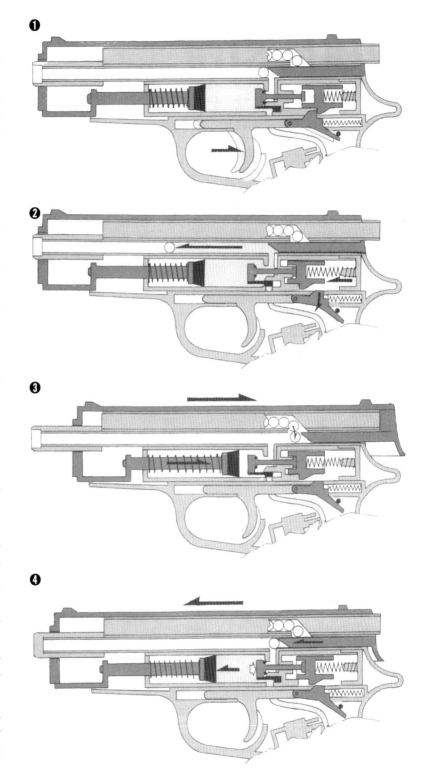

방아쇠를 당기면 트리거 바가 스트라이커를 밀게 되며, 이 상태에서 방아쇠를 끝까지 당기면 트리거 바의 끝부분이 아래로 내려간다.

트리거 바에서 풀려 자유롭게 된 스트라이커는 스프링의 힘으로 전진, 실린더의 방출 밸브를 누른다. 그러면 실린더 안에 있던 가스가 챔버로 흘러가서 BB탄을 발사한다. 방출 밸브는 눌릴 때 챔버쪽으로는 열리지만 가스탱크 쪽으로는 닫힌다.

❸ 발사 후 가스가 빠지면 피스톤은 스프링의 힘으로 후퇴하고, 피스톤에 연결되어 있는 슬라이드 역시 함께 후퇴하게 된다.

❹ 피스톤과 슬라이드가 완전히 후퇴하면 피스톤 끝이 방출 밸브를 눌러 챔버 방향은 닫히고 가스탱크 방향은 열린다. 이러면 다시 실린더로 가스가 흘러 ❶의 상태로 돌아간다. 또 한번 방아쇠를 당기면 ❷~❹의 사이클이 반복된다.

가스블로우백
GAS BLOW BACK

가스 봄베가 직접 끼워지는 등) 총이지만, 어쨌든 선구자로서의 가치는 무시할 수 없었다. 가격도 에어소프트건의 고급화가 막 시동이 걸리던 시기 치고는 저렴한 5,900엔(요즘 물가로 따져도 한 7,000~8,000엔?) 이었고 말이다.

게다가 상업적으로도 그럭저럭 성공을 거뒀다. 다음해에는 이 메카니즘을 응용해 하이파워도 나왔고, 또 SMG로 MPL과 MP5A3도 나왔다. 특히 MPL과 MP5A3는 '라이브 카트리지'라는 장르를 만들었다는 점에서 아주 개성적인 존재였다.

MPL과 MP5A3는 기본 구조는 M59와 같은 블로우 포워드였지만, 노리쇠가 후퇴할 때 탄창에서 탄피를 끄집어 배출하는 구조가 있었다. 연발로 쏘면 실총처럼 탄피가 후두둑 쏟아지는 것이다. 그런데 또 재미있는 것은 탄피에 BB탄이 끼워지는게 아니라 탄창 안에 BB탄과 탄피는 따로 끼워져 따로 나간다는 것이다.

즉 탄피는 발사기능에 아무 역할도 없이 그냥 '장식'이고, 탄피 없이 BB탄만 쏘거나 BB탄 없이 탄피만 나가게 할 수도 있었다. 밖에서 서바이벌 게임같은 걸 할 사람은 탄피 없이 쓰고, 방에서 액션만 즐기고 싶은 사람은 BB탄 없이 탄피만 나가게 선택할 수 있던 셈이다. 만약 마루이가 이걸 작정하고 진화시켰다면 꽤 재미있는 방향으로 발전했을 것 같지만, 상황은 크게 바뀌어 버렸다.

라이브 카트리지는 거의 멸종하다시피했고, 마루이는 한동안 전동건 개발에 집중한데다 그러는 사이에 진짜 가스 블로우백이 다듬어져 나오면서 M59로 시작된 '변종 블로우백(프론트?)'은 90년대를 보지 못하고 멸종되어 버렸다.

시행착오의 시대

마루이가 쏘아올린 작은 공이 시장을 뒤흔든… 뭐 이런 식의 스토리면 재미있겠지만, 사실 마루이가 쏘아올린 작은 공은 시장을 뒤흔들지는 못했다. 급속도로 외관상의 리얼리티가 높아지고 고급화되던 경쟁사 제품들이 아직 블로우백을 외면하고 있는데다, 서바이벌 게임의 폭발적인 인기로 실사성능과 화력도 중요해지면서 여전히 '실용성'보다는 '유희성'에 더 초점을 맞춘 초기 가스 블로우백 제품은 마이너에 머물렀던 것이다.

요네자와나 후지미등에서 가스 블로우백 권총(후지미의 M712등)을 몇 종류 내놓기는 했으나 성능적으로나 상업적으로나 별 재미를 못 봤다. 리얼리티는 마루이보다 크게 나을게 없으면서 작동 신뢰성으로나 액션으로나 그닥 '재미있는' 총도 아니었던 것이다.

초창기에 나온 가스 블로우백 제품들 중 가장 흥미로운 것은 1988년에 나온 마루신의 라이브 카트리지식 우지다. 마루이처럼 탄피가 튀어나가는 방식이지만, 마루이와 달리 직접 탄피에 BB탄이 끼워지는 방식이라 탄피 없이는 발사가 안된다. 이 때문에 한때 우리나라에서 '실총으로 개조될 수 있다'거나 '화위가 엄청 세다'같은 루머가 돌았지만 거의 30년 전 이야기이니…), 둘 다 실상과는 거리가 1억 광년 정도 멀다.

1986년에 나온 마루이 M59의 광고. 가스탱크는 가스 봄베라 불리며 손잡이에 따로 들어가는 방식이다. 탄은 슬라이드 위에 있고 탄은 그곳에 직접 넣어야 한다. 광고 사진만 보면 멋져 보이지만 실제로는 이 사진을 멋지게 만든 물건은 아니었다.

마루신의 라이브 카트리지 우지는 리얼리티라는 면에서는 당시 최강의 제품중 하나였다. 베이스가 된 것이 지금도 높은 리얼리티로 각광받는 모델건인데다 실물처럼 블로우백 작동을 하면서 탄피까지 나가니 말이다. 가격도 당시로서는 상당히 강한 16,500엔이었지만, 이런 리얼리티 덕분에 제법 많은 사람들이 낚였다.

'낚였다'고 표현하는 이유가 있다. 액션의 리얼리티는 높은데, 작동성능은 신통찮고 내구성도 썩 좋지 못했기 때문이다.

당시만 해도 블로우백 메카니즘의 가스 견비는 지금보다 훨씬 나빴다. 그러다 보니 마루신도 결국 가스탱크를 두 군데에 만들어야 했다. 하나는 BB탄 발사용, 또 하나는 블로우백 작동용이다. 그런데 마루신처럼 탄피 배출과 BB탄 발사를 하나만 골라서 즐길 수도 없으니, 쏘려면 좋든 싫든 가스를 두 번 충전해야 했다.

게다가 이러니 내부는 복잡했고, 또 내구성도 썩 좋지 못한데다 고장도 잘 나는 편이었다. 결국 우지 자체는 시장에서 그렇게 오래 살아남지는 못했지만, 마루신의 라이브 카트리지 제품은 생각보다 많이 나온 편이라 90년대 중반까지 M2카빈, 거버먼트, 베레타 92F, z75까지 나왔다. 권총으로 가면 그래도 가스 탱크는 한 곳에만 설치됐지만, 가스가 두 방향으로 흘러가 한 방향에는 BB탄을 날려보내고 또 한 방향에는 슬라이드를 블로우백 시키는 일명 '투웨이'방식이라 여전히 실사성능은 떨어지고 내부도 복잡해 메이저가 되기는 무리가 있었다.

87년에 이르면 마루이의 블로우백 라인업은 탄피배출 방식인 MPL/MP5와 권총인 M59 및 하이파워등으로 확대된다. 하지만 에어소프트 시장의 급격한 고급화 이 라인업은 90년대가 되기 무섭게 역사의 뒤편으로 사라지고 만다.

블로우백 1차 붐: 다나카와 MGC

이러는 가운데, 두 업체를 중심으로 블로우백을 '실용적이면서도 리얼하게' 다듬어 보는 움직임이 활발했다. 바로 다나카와 MGC였다.

두 회사의 주목할 부분은 권총의 가스 블로우백(GBB) 모델을 '외관상으로는 모델건급으로 리얼하게' 만드는데 성공했을 뿐 아니라 실사격 성능도 서바이벌 게임이나 슈팅매치등에서 '어느 정도는 통하게' 만들었다는 점이다. 여전히 고정 슬라이드식 모델들에 비해 많이 떨어지기는 했으나(어떻게 보면 이건 지금도 비슷…) 근접하기 시작했다는 점은 당시로서는 꽤 획기적이었다.

내부 구조도 컴팩트해지고 단순해지기 시작하면서 내구성과 신뢰도도 꽤 높아졌는데, 적용 모델의 다양성은 다나카가 위였다. 다나카는 거버먼트를 시작으로 M1934, 콜트 .380 머스탱, 루거 P08등 다양한 모델들에 블로우백을 적용하면서 전체적으로 클래식 팬들에게 어필하는 편이었다.

사실 다나카는 시작이 좀 불안했다. 1989년에 나온 첫 GBB제품인 거버먼트가 투웨이 방식이다 보니 방아쇠를 반쯤 당기면 BB탄만 발사되고 블로우백이 안되기 때문에 방아쇠 컨트롤에 익숙해져야 제대로 작동한다면 애매한 작동성이 문제였던 것이다. 하지만

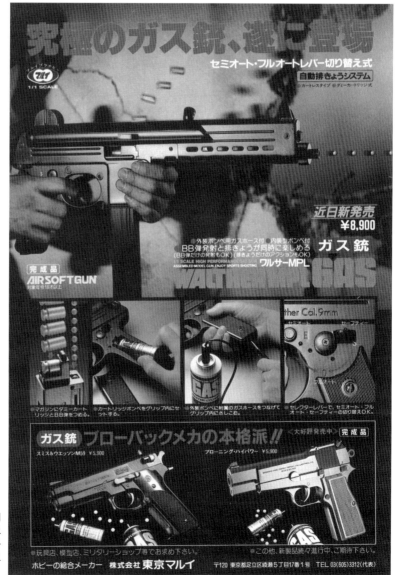

〔마루신 라이브 카트리지 M9〕

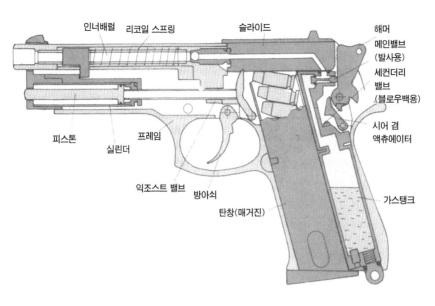

인너배럴　리코일 스프링　　슬라이드　　해머
메인밸브
(발사용)
세컨더리
밸브
(블로우백용)
시어 겸
액츄에이터
피스톤　　프레임
실린더
익조스트 밸브　방아쇠
탄창(매거진)　　가스탱크

❶ 방아쇠를 당기면 해머에 의해 메인 밸브가 열려 BB탄이 발사된다.

❷ 방아쇠를 계속 당기면 트리거 바가 세컨더리 밸브(제2 밸브)를 액츄에이터를 통해 작동시킨다. 이러면 세컨더리 밸브가 열리면서 가스가 실린더 안으로 흘러들어간다.

❸ 피스톤은 프레임에 의해 고정된 상태이므로 실린더가 움직이고, 그에 따라 슬라이드 자체도 후퇴하게 된다. 슬라이드는 후퇴하면서 빈 카트리지(탄피)를 끄집어내 배출하게 된다. 이 때 슬라이드는 트리거 바를 아래로 내리면서 트리거 바와 시어 겸 세컨더리 밸브 액츄에이터와의 연결을 끊어준다. 이러면 블로우백용 가스의 흐름도 끊어진다.

❹ 후퇴한 슬라이드는 해머를 코킹시키며, 동시에 실린더 안의 가스를 방출하는 엑조스트 밸브(방출 밸브)를 열어준다. 가스 압력이 실린더에서 사라지면 슬라이드는 리코일 스프링의 힘으로 다시 전진하며, 탄창에서 새 탄피를 챔버로 밀어준다. 방아쇠에서 손가락을 놓으면 트리거 바는 시어 겸 액츄에이터와 다시 연결되어 초기 상태로 돌아간다.

이 메카니즘은 가스 용량은 적고 소모량은 많은데다 방아쇠를 제대로 안 당기면 블로우백이 제대로 작용하지 않을 수도 있고 구조가 복잡해 고장도 잘 나는 등 실용성이라는 면에서는 문제가 꽤 있었다(실사성능도 그닥…).

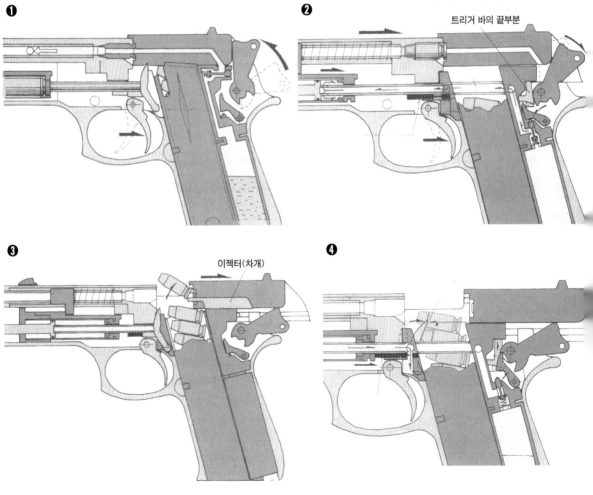

❶

❷
트리거 바의 끝부분

❸
이젝터(차개)

❹

1990년에 나온 다나카의 베레타 M1934부터는 투웨이 방식 대신 애프터슛 원웨이 방식(줄여서 애프터슛)이라는, 방아쇠를 어떻게든 당기기만 하면 BB탄 발사와 블로우백 작동이 함께 이뤄지는 보다 진보된 방식으로 바뀌면서 블로우백에 대한 인식이 바뀌기 시작했다.

하지만 시장에 주는 임팩트가 가장 큰 곳은 바로 MGC였다. 내놓은 제품이 바로 당시의 최신 권총, 글록이었기 때문이다.

MGC의 글록 17은 1991년에 나오자마자 시장에 큰 반응을 일으켰다. 다나카에 먼저 적용된 애프터슛 블로우백 구조를 더 단순하게 응용한 블로우백 시스템은 실사성능과 작동성 모두에서 이전의 다른 GBB제품들보다 많이 안정되어 있었고, 또 가스탱크가 탄창에 설치되어 실총과 같은 감각으로 탄창교

환을 할 수 있게 된 점 등에서 GBB가 '실용'의 영역으로(즉 서바이벌 게임이나 슈팅매치등에서 써먹을 수 있는 수준으로) 도달하기 시작했다는 평가를 받는다.

하지만 여전히 한계는 있었다. 애프터슛 방식은 구조는 상대적으로 단순하지만 실총처럼 쉽게 분해조립이 되도록 만들기는 힘들다. 내부에 꽤 큼직한 유닛이 따로 들어가야 하기 때문에 실물과 같은 구성품 레이아웃을 짜기 어렵기 때문이다. 실제로 애프터슛 방식 제품들의 슬라이드를 당겨보면 탄피배출구 안쪽에 내부 유닛이 그대로 들어차 있는 것을 알 수 있는데, 이것은 슬라이드의 왕복과는 별개로 BB탄을 챔버에 넣는 등의 실제 작동을 해 주는 부품들이 프레임쪽에 따로 있기 때문이다.

또 다른 문제는 탄착점이었다. BB탄이 맞는 지점이 실제 조준한 곳과 많이 달

라지기 일쑤였던 것이다.

실총의 블로우백 작동은 탄이 발사된 뒤에 이뤄진다. 하지만 다나카와 MGC가 채택한 애프터슛 방식은 반대다. 슬라이드 후퇴가 이뤄지고 그 직후에 BB탄이 발사된다. 즉 실총은 총이 고정된 상태에서 탄이 나가지만, 애프터슛 GBB에서는 총이 흔들리는 상태에서 탄이 나간다.

문제는 에어소프트라고 해도 제품의 디자인 자체는 실총을 본뜬 것이다 보니 가늠자/가늠쇠의 높이는 총이 고정된 상태에서 최적의 명중률이 나오는걸 전제로 설정되었다는 것. 그걸 가지고 프리슛 GBB제품을 조준해서 쏘면 조준한 곳보다 많이 위나 아래로 맞게 되는 사태가 벌어지기 쉬웠던 것이다.

하지만 1992년까지의 시점에서 애프터슛 메카니즘은 가장 발달한 GBB메카니즘임에는 틀림없었다. 가스 소비량이

가스블로우백
GAS BLOW BACK

〔다나카 베레타 M1934(애프터슛)〕

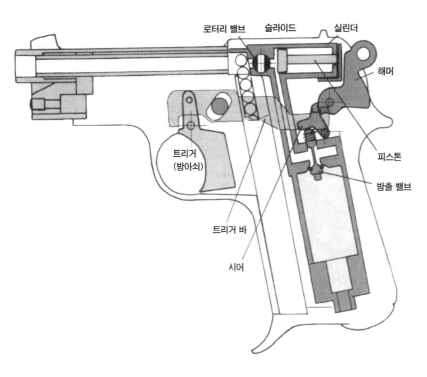

로터리 밸브　슬라이드　실린더

해머

피스톤

방출 밸브

트리거
(방아쇠)

트리거 바

시어

❶ 방아쇠를 당기면 트리거 바가 시어를 밀어 방출 밸브를 누른다.
❷ 방출된 가스는 실린더 안에 흘러 들어가 피스톤을 밀면서 슬라이드를 후퇴시킨다. 슬라이드가 인너 배럴을 후퇴시켜면 BB탄이 챔버 안으로 밀려 들어가 장전되며, 동시에 로터리 밸브도 슬라이드와 연동되어 회전하게 된다.
❸ 로터리 밸브의 회전에 의해 가스가 배럴 쪽으로 흘러들어 BB탄을 발사하게 된다. 이 때 디스커넥터가 슬라이드에 밀려 시어와의 연결이 풀리면 가스의 방출이 멈추게 된다.
❹ 실린더 안의 가스가 빠지면 슬라이드는 리코일 스프링의 힘으로 다시 전진한다. 그 뒤 방아쇠에서 손가락을 놓으면 트리거 바와 시어가 다시 결합되어 발사준비가 이뤄진다.

MGC의 글록 17은 로터리 밸브는 없으나 슬라이드와 연동되어 가스의 방향을 바꿔주는 부분이 있고 BB탄이 발사되기 전에 블로우백이 이뤄지는 점 등 많은 공통점이 있다. 매그나 블로우백 등장 이전에는 단점에도 불구하고 가장 실용적인 가스 블로우백 메카니즘으로 여겨졌으나 매그나 블로우백의 등장으로 순식간에 시장 경쟁력을 잃어버리게 된다.

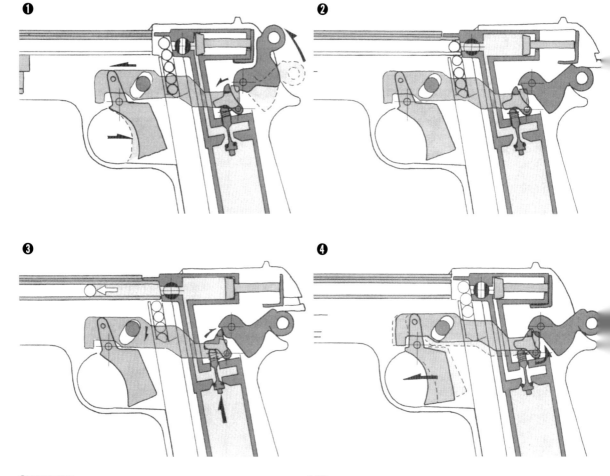

적은데다 파워도 제법 나왔기 때문이다. 또 PPK정도 크기의 작은 총에도 적용이 가능하다는 점 때문에 다양한 모델에 적용할 수 있다는 장점도 있었다. 덕분에 짧은 기간 치고는 비교적 다양한 제품들에 적용되었고, 다나카와 MGC쪽에도 JAC가 브라우닝 하이파워 Mk.III에 적용하기도 했다.

핵폭탄 투하! 매그나 블로우백

이처럼 1990년대 초반에는 GBB가 막 시장성을 얻으면서 자리를 잡으려 했다. 그런 가운데, 진짜 '핵폭탄급' 제품이 나왔다. 웨스턴 암스(이하 WA)의 베레타 M92FS였다.

'매그나 블로우백'이라는 이름의 새로운 시스템을 탑재한 웨스턴 암스 베레타의 등장은… 정말 '핵폭탄급 충격'이라는 말이 아깝지 않은 충격이었다. 간단하게 말해서, 오늘날 우리가 생각하는 GBB의 기본이 여기에 모두 담겨있기 때문이다.

장 리얼리티부터 차원이 완전히 달랐다. 실물 그대로 슬라이드와 프레임이 분리될 뿐 아니라 분해 순서와 방법도 완전히 동일했고, 사실상 모든 조작이 실물과 동일했다. 여기에 더해 슬라이드가 후퇴고정되어 탄피배출구가 열리면 진짜처럼 '속 보이게' 휜히 열렸다. 작동성도 좋았고 손맛도 좋았다. 심지어 아우터 배럴의 쇼트 리코일 기구까지 재현되어 있었다. 에어소프트의 세계에서 이 정도로 리얼리티가 추구된 제품이 등장한 것도 당시로서는 상당히 드문 일이었다.

지만 외관과 구조의 리얼리티만이 이

총을 '핵폭탄'으로 표현하게 만든 것은 아니었다. 실사 성능이 또 기존 GBB제품들과는 차원이 달랐다. 탄속도 나쁘지 않았으나 탄착군이 기존 GBB제품들보다 우수한 편이었다. 하지만 가장 중요한 차이가 있었다─ 바로 '조준한 곳에 맞는다'였다.

매그나 블로우백의 기본 원리는 큰 범주에서 '프리슛'이라고 부를 수 있는 것이다. 즉 BB탄이 먼저 발사되고 블로우백 작동이 나중에 이뤄지는 것이다. 앞서 언급한 애프터슛, 즉 블로우백이 먼저 시작되고 BB탄이 그 뒤에 발사되는 것과는 정 반대.

원리는 대충 이렇다. 슬라이드 내에 위치한 실린더에 가스가 흘러들어가면 그 가스의 압력이 먼저 BB탄을 발사하게 된다. BB탄이 빠져나가면 압력이 변하고, 그 압력의 변화로 인해 로딩 노즐

안에 있는 플로팅 밸브가 전진하면서 BB탄쪽의 가스 통로가 막힌다. 그러면 가스는 반대쪽으로 흐르면서 슬라이드를 밀어 블로우백 작동이 이뤄진다.

물론 디테일을 들어가면 좀 더 복잡하다. 하지만 핵심은 플로팅 밸브, 즉 압력에 따라 앞뒤로 움직이는 밸브가 슬라이드 내부에 설치되어 이 밸브가 BB탄 발사 후 가스의 방향을 블로우백이 이뤄지는 쪽으로 돌려준다는 것이다. 이 원리 자체는 그 뒤에 나온 다른 블로우백 메카니즘들에도 비슷하게 적용되면서 오늘날 우리가 아는 블로우백 원리의 핵심을 이루게 된다.

이 원리가 개발된 것은 GBB의 세계에 가히 혁명을 일으켰다. 이제 블로우백 메카니즘이 권총의 슬라이드 안에 완전히 수납될 수 있으니 실총과 유사한 부품 레이아웃을 얼마든지 적용할 수 있

턴 암스가 1993년도에 내보낸 광고. 매그나 블로우백 M92FS는 우리가 아는 가스 블로우백의 기틀을 먼저 잡은 총으로, 가스 블로우백 시장에서 완전한 체인저이자 시장의 핵폭탄이었다─ 라이플/SMG시서 마루이 전동건이 했던 역할을 매그나 블로우백이 아서 했다고 해도 과언은 아니다.

〔웨스턴 암스 매그나 블로우백 M92FS (프리숏)〕

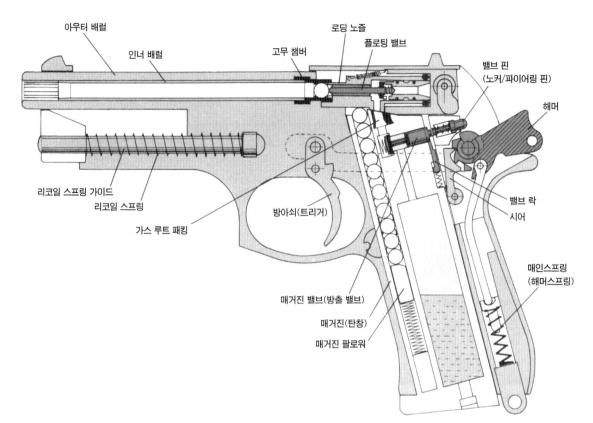

아우터 배럴
인너 배럴
로딩 노즐
플로팅 밸브
고무 챔버
밸브 핀
(노커/파이어링 핀)
해머
리코일 스프링 가이드
리코일 스프링
가스 루트 패킹
방아쇠(트리거)
밸브 락
시어
매인스프링
(해머스프링)
매거진 밸브(방출 밸브)
매거진(탄창)
매거진 팔로워

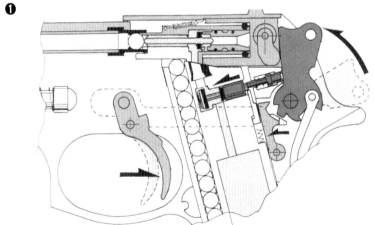

웨스턴 암스의 M92FS는 프리숏 타입, 즉 BB탄이 먼
발사되고 블로우백이 그 뒤에 이뤄지는 방식의 블로
백인 매그나 블로우백을 채택했다. 이 방식은 가스 소
량은 적은데다 탄착군도 조밀하고, 무엇보다 조준한
에 맞는다는 점에서 그 전의 애프터숏을 실사성능에
도 앞설 수 있었다. 게다가 블로우백 유닛이 컴팩트하
면서 블로우백 엔진(피스톤＋실린더＋밸브)을 슬라이
안에 다 넣을 수 있게 되어 실물처럼 기본분해도 가능
고 슬라이드가 후퇴고정했을 때 탄피배출구 안이 실
처럼 비어있는 모습을 볼 수 있게 됐다.

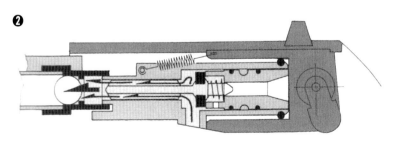

❶ 슬라이드를 당겼다 놓으면 챔버에 초탄이 장전도
챔버에 BB탄이 들어가면 플로팅 밸브가 후퇴한다. (
면 밸브는 노즐쪽은 열리고 실린더쪽은 닫힌다. 방(
를 당기면 해머가 전진, 탄창의 방출 밸브가 열린다
때 방출 밸브는 밸브 락에 의해 열린 위치에 고정된[
❷ 밸브가 열려 가스가 로딩 노즐 안으로 들어가고
즐을 통해 BB탄을 총구 방향으로 밀어주게 된다.

ㄱ, 탄창 역시 가스탱크가 내장된 실물
ㅋ기의 것을 적용할 수 있다. 심지어 가
ㅅ 소모량도 기존의 블로우백 제품들에
ㅣ해 낮으면 낮았지 절대 높지 않았고,
ㅍ리숏 방식이니 자연스럽게 겨누는데
ㄹ 맞는다.

WA의 매그나 블로우백은 그야말로 시
ㅈ에 핵폭발급 충격을 일으켰다. 제품
ㄱ 자체의 경쟁력부터 그랬다. 애프터
ㅅ 방식 제품들은 하루아침에 구식이
ㅣ어버렸고, 애프터숏 방식의 제품에
ㅣ존하던 MGC는 부랴부랴 방향을 수
ㅐ 자체적인 프리숏 메카니즘의
ㆍBB제품군인 일명 '하이퍼 블로우백'
ㅣ인업을 급하게 시장에 투입했지만 다
ㅎ게 만들어진 제품들의 완성도는
ㅣA에 대항하기 어려웠다. 하물며
ㅁGC보다 기술력도 자본도 부족한 타
ㅔ들은 더 말할 필요도 없었다.

ㅣ지만 매그나 블로우백의 등장은 제품
ㅔ체의 경쟁력과는 또 다른 방향으로
ㅏ상 못한 '핵폭발'을 일으켰다. 바로 법
ㅣ 다툼이었다.

ㅣA는 베레타 M92FS를 내놓으면서
ㅣ탈리아의 베레타 본사와 상표 사용권
ㅖ약까지 맺고 합법적으로 로고나 각인
ㅣ을 재현했다. 그리고 매그나 블로우
ㅐ에도 다양한 특허를 출원했다. 그리
ㅣ 기존에 M92FS를 내놓은 업체들과
ㅏ적인 프리숏 메카니즘을 개발해 사
ㅎ하려던 타 업체들을 대대적으로 고소
ㅔ 된다.

ㅣ실 일본 토이건 업계도 그 이전까지
ㅣ 저작권등에 대한 개념이 충분히 탑
ㅣ된 상황이 아니었고, 특히 실총 로고
ㅣ의 사용에 대해서는 '어차피 진짜 총
ㅣ 아니라 그걸 모방한 모조품이니 내
ㅏ 장난감에 그걸 쓴다고 실총 업계가
ㅔ봤다며 고소하지는 않겠지?' 정도
ㅣ 인식이 "그나마 생각이 좀 있는 사람
ㅣ'의 수준이었다. 나머지는 그게 문제
ㅣ 될지 어떨지에 대한 인식 자체가 없
ㅣ시피 했다.

ㅣ런 상황에서, 90년대 초 최대의 히트
ㅣ품으로 여러 업체에서 난립하던
ㅣ92FS에 대해 이렇게 줄소송에 들어
ㅣ면 메이저 업체 중 안 걸릴 곳은 없었다.

게다가 애프터숏에서 프리숏으로 넘어
가면서 기본 원리까지 못쓰게 막아버리
는 식의 소송을 잇따라 제기하는 것은
프리숏 블로우백 메카니즘 자체를 아예
시도조차 하지 말라는 이야기나 다름없
었다.

게다가 그냥 법적 분쟁의 수준을 넘은
감정싸움의 영역까지 간 것이 또 문제
였다. 인간관계까지 얽혔으니 말이다.
WA의 대표 구니모토 케이이치(国本圭
一)는 당시의 일본 토이건 업계에서는
상대적으로 젊은(물론 젊다고 해도 중
년이었지만) 축에 속했고, 어차피 좁은
업계에서 MGC나 다나카, 마루신등의
고참들 -특히 각 업체의 GBB메카니즘
설계에서 중요한 역할을 담당하던 무토
베 노보루나 고바야시 타쵸 등의 핵심

엔지니어들- 과는 물론 각 업체의 경영
진들과도 개인적으로 30년 가까이 잘
알던 사이였다. 그러던 그가 어느날 안
면몰수하고 '선배님들 이러시면 안되
죠?' 라며(물론 진짜 그렇게 말했다는
건 아니지만) 소송을 마구 던지면 이게
감정 안 상할 턱이 없다.

다만 여기에 대해 WA의 입장도 이해해
야 한다는 의견도 있기는 하다. WA는
특허를 존중하는 개념이 그닥 강하지
않던 70~80년대에도 타사의 특허를
가장 존중한 회사중 하나였다는 것. 어
떻게 보면 법적 권리나 특허등에 대한
인식이 가장 선진적이었던 곳이 WA였
던 셈이고, 그런 점에서 보면 무작정
WA를 비난할 수는 없다는 이야기다.
이 법적 분쟁의 끝은 결국 일본 업계 전

❸ BB탄이 발사되면서 플로팅 밸브 앞뒤로
압력차가 발생한다. 가스의 유속이 느려지
는 앞은 압력이 떨어지고, 뒤는 상대적으로
압력이 높게 된다. 여기에 더해 플로팅 밸브
스프링의 힘도 작용해 플로팅 밸브는 전진
하면서 노즐을 막는 동시에 실린더쪽으로
가스가 흘러들어가 슬라이드를 후퇴시킨다.
❹ 17mm정도 슬라이드가 후퇴하면 실린
더 내의 가스가 밖으로 분출된다. 그러면 실
린더 내부 압력이 떨어지면서 로딩 노즐이
스프링의 힘으로 후퇴해 다시 실린더와 결
합한다. 이 시점까지도 관성에 의해 슬라이
드는 계속 후퇴하면서 해머를 코킹시킨다.
코킹된 해머는 밸브 락 릴리즈를 움직여 방
출 밸브를 다시 닫히게 해 가스 방출을 차단
한다. 끝까지 후퇴한 슬라이드는 리코일 스
프링에 의해 전진, 로딩 노즐이 BB탄을 챔
버로 밀어넣어 ❶로 되돌아간다.

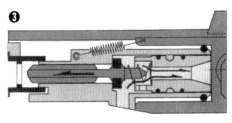

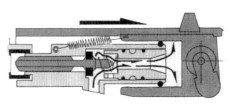

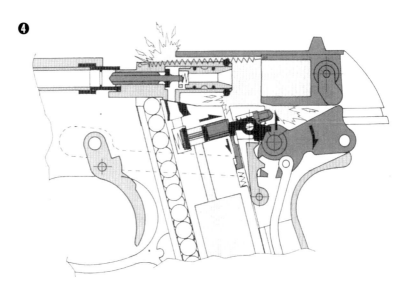

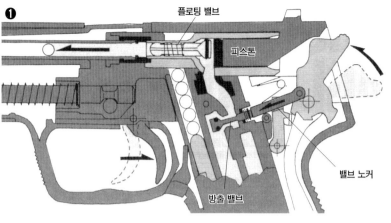

플로팅 밸브
피스톤
밸브 노커
방출 밸브

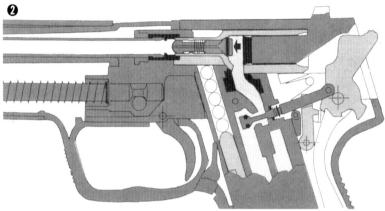

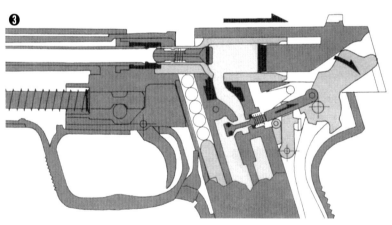

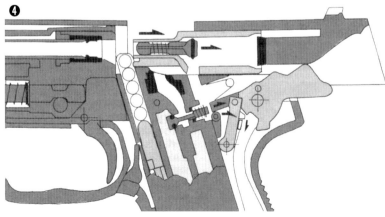

체에 상처로 남았다. 한때 일본을 대표하는 토이건 업체 중 하나였던 MGC의 폐업(1994)도 이 소송으로 앞당겨졌다는 평가를 받는다. 다른 업체들도 블로우백 제품의 개발과 출시가 이 소송으로 인해 늦어졌다는 이야기가 있다. 그렇다고 WA가 이걸로 프리숏 블로우백의 독점권을 인정받은 것도 아니다. GBB 메카니즘에 관한 소송에서는 WA 측의 주장이 상당부분 인정받지 못하고, 결국 타 업체들의 프리숏 블로우백 시장 진입을 봉쇄하는데는 실패했기 때문이다.

이 소송전이 만약 3~4년 전의 버블 호황기의 절정에 벌어졌다면, 일본 에어소프트 업계는 소송의 상처를 극복하고 새로운 도약의 계기를 마련했을지도 모른다. 하지만 타이밍이 아주 나빴다. 1994~1995년 사이의 일이니, 버블경제는 터지고 에어소프트건 업계도 축소가 시작되던 타이밍이었기 때문이다. SMG/라이플 시장이 전동건의 등장으로 기존 BV식 가스건 업체들이 무너지던 것과 때맞춰 핸드건 시장도 GBB로 급격히 재편되던 이 시기가 일본 업계 몰락의 시작이었을지도 모른다는 것도 상당한 아이러니 아닐까.

〔타니오 코바 USP〕

❶ 방아쇠를 당기면 해머가 전진, 밸브 노커를 쳐 탄창의 방출 밸브를 열게 된다. 이러면 가스가 실린더 안으로 흘러들어가 피스톤, 슬라이드, 탄 모두를 밀게 된다. 하지만 BB탄이 가장 가볍기 때문에 BB탄이 먼저 밖으로 밀려나간다.

❷ BB탄이 전진, 가스가 인너배럴 안으로 흘러들어가면 플로팅 밸브 앞뒤에 압력 변화가 생긴다. 즉 가스의 흐름이 빠른 앞의 압력은 떨어지고 느린 뒤의 압력이 높아진다. 이러면 플로팅 밸브가 앞으로 당겨지게 된다.

❸ 당겨진 플로팅 밸브는 스프링을 압축하면서 노즐을 막는다. 가스는 앞으로 못 나가게 되면서 피스톤을 후퇴시킨다. 이 시점에 BB탄은 이미 총구 밖으로 나간 다음이다.

❹ 슬라이드가 후퇴하기 시작하면 해머가 젖혀지면서 방출 밸브가 닫히기 시작하지만, 아직 슬라이드에 관성이 충분하기 때문에 가스가 더 흘러나가지 않아도 끝까지 후퇴하게 된다. 슬라이드의 후퇴로 트리거 바가 눌리면서 시어와의 결합이 풀려 해머는 젖혀진 상태로 머무르게 된다. 피스톤이 슬라이드로부터 빠져나가면 실린더 안에 있던 가스는 밖으로 빠져나가고, 슬라이드는 리코일 스프링의 힘으로 전진, 닫혀 ❶번으로 되돌아간다.

핵폭발 이후의 업계

이처럼 기술적으로나 법적으로나 '원폭 투하'급의 충격을 안겨준 매그나 블로 우백이었지만, 법적으로 WA가 프리슛 GBB엔진의 기본인 부압의 원리(BB탄 발사 후 생기는 노즐 앞뒤의 가스압 차 이를 응용한 원리) 그 자체를 특허로 보 호할 수는 없게 되면서 오래지 않아 -주 로 95년 안팎- 매그나 블로우백의 대항 마들이 속속 등장한다.

가장 먼저 등장한 것이 '타니오 코바'였다.

[도쿄 마루이 데저트 이글]

● 여기서 가장 중요한 부분이 실린더 밸브(부압 밸브)로, 이것이 가스의 흐름을 조절한다. 이 밸브 는 늘 스프링의 힘이 걸려있기 때문에 가스 압력 없을 때에는 후퇴한 상태에 머무른다. 이것을 지 탱하는 것이 K링으로도 불리는 부품이다. 또한 피 스톤과 슬라이드는 별개 부품이며 나사로 고정 되 어 있다.

해머가 젖혀진 상태에서 방아쇠를 당기면 트리 거 바에 의해 시어가 작동되면서 해머가 전진한다. 해머는 밸브 노커를 작동시켜 탄창의 방출 밸브를 연다. 전진한 노커는 노커 락에 의해 고정된다. 밸 브가 열리면 탄창의 기화된 가스가 실린더로 흘러 들어 BB탄과 피스톤을 동시에 밀게 된다. 하지만 BB탄이 다른 부분들보다 훨씬 가볍기 때문에 가 장 먼저 움직여 인너배럴 쪽으로 빠져나간다.

BB탄이 빠져나가면 인너배럴 방향(앞)의 가스 압력은 낮아지지만 실린더쪽 압력은 높아지면서 실린더 밸브가 전진한다. 전진한 밸브는 배럴 쪽으 로의 가스 흐름을 막고, 앞으로 밸브에 막혀 못 나 가게 된 가스는 피스톤을 뒤로 밀게 된다.

가스의 압력으로 밀린 슬라이드는 해머를 뒤로 밀면서 빠르게 후퇴한다. 이 때 밸브 노커는 노커 락에 의해 고정된 상태라 가스 압력은 계속 방출 되어 블로우백 작용을 도와준다.

슬라이드가 일정한 수준까지 후퇴하면 트리거 바가 아래로 눌리면서 시어와의 연결이 풀려 해머 와 시어가 다시 결합, 젖혀진 채 고정된다. 동시에 트리거 바는 노커 락을 눌러 노커의 고정이 해제된 다. 고정이 해제된 노커는 밸브로부터 떨어지며, 가 스와 스프링의 힘 때문에 다시 밸브가 닫힌다.

출 밸브가 닫히면 가스가 차단되지만 아직 실린 더에는 가스가 남아있기 때문에 슬라이드의 후퇴 는 계속된다. 슬라이드의 후퇴가 완전히 끝나면 피 스톤이 실린더에서 빠지고, 실린더에 남아있던 가 스가 방출된다. 에너지를 완전히 잃은 슬라이드는 리코일 스프링에 의해 다시 전진, ●번으로 되돌아 가 다시 발사될 준비를 한다.

마루이의 방식은 부압 밸브 방식으로도 불리며, 기 본 원리는 앞서 소개한 매그나 블로우백이나 타니 오 코바의 프리슛과 유사하나 구조나 작동 신뢰성 에서 높은 평가를 받고 개량을 거쳐 현재 많은 업체들의 블로우백 제품에 응용되어 사용되 는 방식이기도 하다.

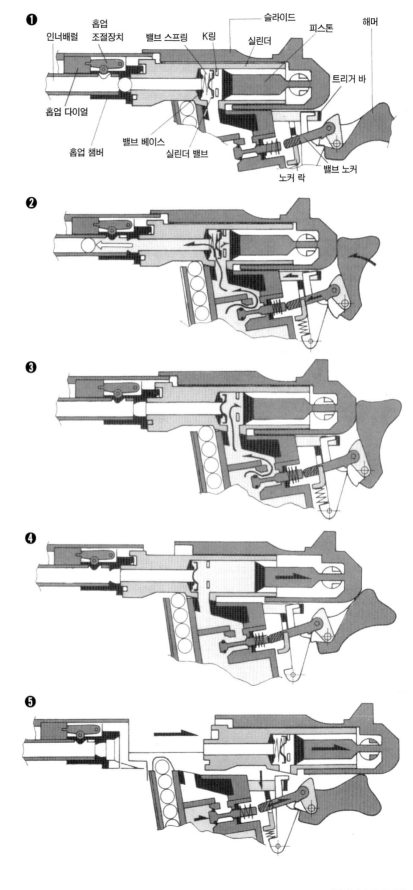

❶ 인너배럴 / 홉업 조절장치 / 밸브 스프링 / K링 / 슬라이드 / 실린더 / 피스톤 / 해머 / 트리거 바 / 홉업 다이얼 / 밸브 베이스 / 실린더 밸브 / 밸브 노커 / 홉업 챔버 / 노커 락

❷

❸

❹

❺

1992년 무렵에 MGC를 떠난 MGC의 전 부사장 겸 수석 엔지니어 고바야시 타쵸가 자신의 별명을 이용해 만든 메이커로, 1994년까지는 MGC의 P7M13이나 JAC의 브라우닝 하이파워 등 자신이 특허를 가진 애프터슛 메카니즘의 블로우백 제품을 외주로 개발해 주는 방식으로 영업을 이어갔다. 하지만 1994년 MGC와 JAC가 잇따라 무너지자 독자노선을 걷기 시작한다. 그 첫 타자가 바로 USP였다.

USP는 매그나 블로우백에 비해 더 단순한 구조와 높은 신뢰성으로 꽤 높은 평가를 받았지만, 아무래도 영세한 개인 업체라는 점이 한계였다. 당장 총 자체가 실물에 비해 제법 작아보이는 점이 이미 80년대를 거치면서 눈이 높아진 일본 소비자들 사이에서 평가를 깎아먹었고, 수년 뒤 매그나 블로우백을 WA에게 도입해 GBB버전으로 만들어진 다나카의 USP에게 상당한 타격을 입었다. 다나카의 USP는 실물 사이즈를 그대로 재현했기 때문이다.

또 다른 GBB라인업을 전개한 곳이 마루젠이다. 마루젠은 타니오 코바에게 협력을 구해 상당히 단순하면서도 신뢰성 높은 GBB유닛을 완성, 발터 P99나 잉그램 M11등의 라인업으로 90년대 후반~2000년대 초반에 나름 성과를 거뒀고 아직도 GBB제품을 생산하고는 있으나 현재는 과거에 비해 기세가 많이 위축된 상황이다.

90년대 중반 이후에 독자적인 GBB라인업을 전개해 성과를 거뒀던 또 다른 업체가 KSC다. KSC는 원래 MGC의 하청업체였다가 나중에는 생산과 개발의 파트너로 성장한 곳인데, MGC가 문을 닫자 MGC가 막판에 개발했던 Cz75나 M93R등의 하이퍼 블로우백 라인업을 인수해 대대적인 개량을 거쳐 발매하기 시작했다.

KSC는 2010년대 초반까지만 해도 일본을 대표하는 GBB업체 중 하나로 자리잡았지만, 2010년대 중반 이후에는 사실상 대만 KWA의 일본 대리점에 가까운 상황이 되어버렸다. 원가절감이나 일본내 규제 회피등을 위해 대만의

KWA가 생산을 맡고 KSC는 연구개발에 주력하는 방식으로 사업 방향을 바꾸다가 KWA가 기술력까지 성장하면서 결국 KSC는 연구개발조차 대폭 축소한 상황이기 때문이다.

현 시점에서 GBB를 만드는 일본 에어소프트 업체 중 세계 시장에서 가장 강한 영향력을 행사중인 업체는 아이러니컬하게도 프리슛 방식으로 처음 대성공을 거둔 WA가 아니라 도쿄 마루이다. WA도 여전히 제품 생산과 개발을 하고는 있지만 2008년 M4A1을 GBB로 출시한 이후에는 기존에 개발했던 라인업의 개량 수준을 넘는 신제품 개발은 못하고 있는 실정이다. 게다가 매그나 블로우백 구조는 다나카에서 라이센스 생산을 하는 외에는 눈에 띄는 타 업체 적용도 흔치 않다. 반면 도쿄 마루이는 지금도 신제품 개발과 생산이 느리지만 꾸준히 이어지고 있고, 또 마루이의 GBB엔진은 현재 대만 업체들에 가장 많은 영향을 준 메카니즘이라고 해도 과언이 아니다.

해외의 GBB 메이커 〔글: 김광민〕

가스블로우백 에어소프트건의 탄생은 일본이었다. 아니 에어소프트건의 탄생 자체는 일본이었기 때문에 이는 부정할 수 없는 확실한 역사이다. 1986년 비비탄을 발사하는 에어소프트건이 탄생한 이래 사실상 2000년대 초반 까지는 제대로 비비탄을 발사시킬 수 있는 가스블로우백 에어소프트건은 일본이 사실상 유일했다.

하지만 이러한 일본의 독자적인 GBB 메이커 종주국으로써의 입지는 2000년대 중반부터 흔들리기 시작한다.

그 시초는 당연히 이미 전동건자체를 카피로 시작해 더욱 발전시키고 있는 대만-홍콩 메이커들이었다.

가장 주목할 만한 메이커는 바로 대만의 KWC 와 WE, 두 회사였다. 이중 KWC는 1995년 대만에서는 처음으로 M92F 가스 블로우백 버전을 생산했다. 물론 일본 WA제품의 카피이긴 했지만 그래도 당시 대만에서의 반향은 컸었다.

이후 KWC는 2007년에 UZI CO2버전의 에어소프트건을 선보이면서 사실상 대만제 가스블로우백 에어소프트건의 해외수출의 물꼬를 트게 됐다(물론 이 제품의 원본은 2006년 일본 WA사의 미니 우지라는 불편한 사실이 숨겨져 있다).

이 후로도 KWC는 다양한 GBB 핸드건들을 선 보이게 된다. 주로 아시아권 국가에는 6mm BB탄 버전을 생산, 판매해 왔지만 유럽이나 북미 쪽으로는 4.5mm 볼베어링 버전의 살벌한 에어건을 선보이고 있다.

일본 WA사의 매그나 블로우백 M4는 2008년에 첫 선을 보인 GBB 라이플의 물꼬를 튼 기념비적인 제품이다. 이 제품은 나온 즉시 당연히 중화권 국가에서 카피 제품이 나오기 시작했다.

지금은 중국 본토에서 흔적을 찾아보기 힘든 AGM이라는 회사는 감사하게도 본체가 플라스틱재질(헤비웨이트)의 WA M4를 아연과 일부 알루미늄의 메탈 바디의 가스블로우백 M4를 생산, 저가에 판매하면서 많은 인기를 끌기도 했다. 이후 WA 바탕의 M4는 사실상 지금까지도 수많은 GBB M4의 표준이 되어 준다.

이후 킹암스, G&P 등에서도 가스블로우백 M4가 나오고 나중에는 사실상 결판으로 이노카츠→ 바이퍼 브랜드이 탄생하는 계기가 된다.

한편 대만의 WE사는 다른 제품으로 목을 끌게 된다. 본래 마루이 하이캐파를 아연재질로 카피한 제품으로 처음 시장에 선을 보인 WE는 WA 방식이 아닌 좀 더 작동 신뢰도를 높였던 황동 - 클로즈볼트 방식의 가스 블로우백 M4를 선보였고 이후 독특하게도 가장 먼저 SCAR-L 가스 블로우백을 선보이서 에어소프트건 매니아들의 시선을 몸에 받기 시작한다.

이후 WE의 행보는 카피가 아닌 독특한 자체 아이템 행보를 더해가면서 SV SCAR-H, 그리고 M-14, P90, 톰슨 M1A1, 다양한 AK류와 AR15계열을 선보이면서 중저가 브랜드 중에서는 크게 두각을 나타내고 있다. 다만 자체

한 일부 제품들의 작동 신뢰도는 아 직 좀 불만사항들이 나오는 것은 감안 야 한다.

만의 KWA사는 처음 가스블로우백 에 소프트건을 일본의 KSC 제품들의 OEM생산을 시작으로 첫 발을 들여놓 됐다. 이후 KSC의 여러 좋은 작품들 선보이게 되는데 지금까지도 레전드 취급받는 제품이 바로 크리스벡터 며 이외에도 MASADA나 PTS사의 R계열 제품들의 가스블로우백 제품들 보이기도 했다. 또한 IWI SAR(타보) 등의 나름 성능이 준수한 제품들을 보이기도 했다.

금은 폐업한 홍콩의 이노카츠(공장은 만)사도 가스블로우백 메이커에서는 빼 없는 업체다. 원래 마루이 전동건에 팅이 가능한 M60이나 AK74 풀스틸 버전 킷을 제작해 살벌하게 비싸지만 증이나 외관 재현도는 타사와 비교도 될 정도의 퀄리티를 자랑했던 이노카 사는 이후 자체 생산한 M4 라인업과 1911라인업으로 인해 해당 분야의 을 찍고 최고의 대접을 받았다.

지만 이후 경영악화에 따른 자금부족 으로 2015년 회사가 사라지게 되는 극을 걷게 된다(하지만 이후에도 1911시리즈는 일부 하청업체와 쇼핑 을 통해 지속적으로 판매가 됐다).

때 이노카츠 M4를 생산했던 회사였 대만의 바이퍼사는 이노카츠의 폐업 로 직접 자사 브랜드를 런칭하면서 강의 내구성과 퀄러티, 그리고 높은 격으로 해당 제품의 독보적인 지위를 금까지 누리고 있다.

히 바이퍼사의, 실총 제작과 동일한 정으로 제조된 단조가공 리시버의 경 한 때에는 그 경쟁자가 없어 독점적 위를 누리기도 했다(물론 지금은 여 회사에서 단조 리시버가 나와 그 위 이 흔들리기는 하고 있다).

후 바이퍼사는 다양한 AR계열의 제 들을 선보이면서 큰 인기를 끌었지만 품 확장성의 한계(오로지 AR계열만) 지나치게 헤비한 작동성(시중의 고 가스로도 작동이 버거울 정도), 높은 매가격 등으로 인해 다소 과거의 위

상이 흔들리는 것도 사실이다.

LCT-GHK는 사실상 동일 회사이다. LCT는 원래 이노카츠 등에 전동건용 스틸바디를 제작해 OEM납품하면서 에 어소프트건 업계에 발을 들여 놓은 회 사 였다. 이후 자체 브랜드인 LCT를 런 칭, 풀 스틸 바디로 극악의 내구성을 자 랑했다. 이후 가스 블로우백은 GHK라 는 회사로 별도 런칭하면서 자사의 LCT 전동건용 바디를 일부 가공해 그 대로 사용하는 덕분에 AK소총이나 여 러 라이플류도 풀 스틸로 제작되어 매 니아들의 인기를 얻었다.

이후 GHK로는 단순하면서도 강력한 내구성을 자랑하고, 바이퍼보다는 훨씬 가벼운 작동성을 보여준 AR 시리즈와 풀스틸의 AK시리즈, AUG시리즈와 SIG553시리즈 등의 GBBR로는 나름 독특하면서도 상당히 퀄리티 있는 제품 들을 선보이고 있다.

중저가 브랜드로 WE와 사실상 양대산 맥을 차지하는 KJW는 우리에게는 중 저가형 핸드건들 위주로 잘 알려져 있 다. 하지만 일본에서는 사실 이 바닥 레 전드인 고바야시 타쵸(타니오코바 대 표)와의 협업으로 잘 알려져 있다.

고바야시 타쵸 사장이 설계한 M4 라인 업, 마찬가지로 타니오코바의 스텀루거 10/22를 현대적으로 개수한 제품으로 한 때 인기를 얻기도 했다. 이밖에도 다 나카 M700 가스볼트액션 소총 카피 제 품도 유명했다.

하지만 무엇보다도 KJW를 지금의 대 기업으로 키워 낸 것은 바로 M1911과 글록, 베레타 M92, 시그 P226그리고 CZ계열의 중저가 핸드건들, 즉 마루이 혹은 KSC를 베이스로 좀 더 개량하고 외관은 아연이나 알루미늄 주물로 제작 한 제품들의 성공이라고 할 수 있다.

지금도 한국에서 가장 많이 팔리는 가 스 핸드건 메이커는 마루이와 VFC, 그 리고 KJW와 WE를 꼽을 수 있다.

최근들어 가장 각광 받고 있는 브랜드 인 VFC의 경우 가스 블로우백에는 정 말 많은 사연이 들어 있을 것이다.

원래 다른 회사들과 마찬가지로 2000 년대 초반에 전동건 커스텀파츠 생산을

시작으로 이 업계로 뛰어든 VFC의 경 우 가스 블로우백의 개발, 생산은 하나 의 도전이자 모험이었다.

한마디로 말해서, 2018년 이전까지만 해도 VFC의 가스 블로우백 제품은 다 양한 버그와 작동 불량에 따른 제품 파 손으로 인해 GBBR(가스 블로우백 라 이플)에 한해서는 도저히 신뢰하기 어 려운 메이커였다.

하지만 2018년 HK416A5를 기점으로 제품들의 완성도가 높아지면서 여론은 점차 변화하기 시작했고 2020년 기존 의 밸브 노커 락을 생략한 신 설계의 해 머 및 시어 시스템이 도입되면서부터(시작은 SR-16) 성능과 퀄리티 두 마리 의 토끼를 잡았다는 평가를 받을 정도 로 높은 점수를 받게 된다.

이후 BCM MCMR과 M733 등을 통해 사실상 AR15계열로는 완성도가 더할 나위 없을 정도라는 평가를 받는다.

VFC는 이 외에도 HK417의 다양한 라 인업과 SR25라인업 등의 하이엔드급 DMR들도 높은 성능으로 선보였고, 이 외에도 HK G3A3나 PSG-1등은 결정 판 취급을 받고 있다. 이밖에도 MP7시 리즈와 UMP45, MP5시리즈 등 HK사 의 서브머신건 라인업들도 현재는 상당 히 좋은 평가를 받고 있다. 비교적 가장 최근에 나온 신제품은 FN사의 FAL이 며 또 다른 신제품이 있기는 하지만 어 른들의 사정상 자식을 자식이라 부르지 못하는 제품이 하나 있다.

핸드건 라인들도 비교적 다양한 편인 데, 이 중에서는 글록시리즈가 마루이 다음으로 신뢰도가 높은 평가를 받고 있으며 발터 PPQ나 HK USP와 VP9 그리고 SIG M17과 M18등도 높은 인 기를 얻고 있다.

하지만 글록 이외 다른 핸드건 제품들 은 아무래도 약간씩의 버그가 상존하고 있어 평가에서 호불호가 적잖이 나뉘는 편이다.

가스블로우백
GAS BLOW BACK

초판 발행 2022년 12월 16일
펴낸곳 멀티매니아 호비스트
정가 15,000
주소 서울시 성동구 성수이로 118 성수 아카데미타워 1219
전화 02-989-5311 | **팩스** 02-989-5313
홈페이지 www.platoon.co.kr

ⓒ멀티매니아 호비스트, 2022
ISBN: 978-89855-78-7

월간 **플래툰** 정기구독

월간 플래툰을 정기구독하시면 구독료 할인 혜택과 함께 사은품을 드립니다.
www.militarybook.co.kr 또는 아래 QR코드 스캔으로 보다 간편하게 구독하세요.

발행: 월간 플래툰(멀티매니아 호비스트) 구입문의:02)989-5311, 혹은 인터넷 사이트 www.militarybook.co.kr

가스블로우백의 모든 것!

가스블로우백
GAS BLOW BACK

가스블로우백의 역사는 길게 잡으면 36년에 달한다. 이제는 에어소프트건 시장에서 없으면 안될 중요한 장르로 자리잡은 가스블로우백은 특히 지난 10여년 사이에 대만을 중심으로 비약적으로 발전했다.
지난 2019년부터 2022년 사이에 월간 플래툰에서 소개한 주요 가스블로우백 제품들을 엄선해 한 권의 단행본으로 모아봤다.
가스 블로우백 에어소프트건에 대해 관심을 가지는 분들에게 요긴한 가이드북이 되기를 바란다.

ISBN 978-89-85578-74-5